U0050351

RESIDENTIAL LIGHTING

Creating Dynamic Living Spaces

Randall Whitehead

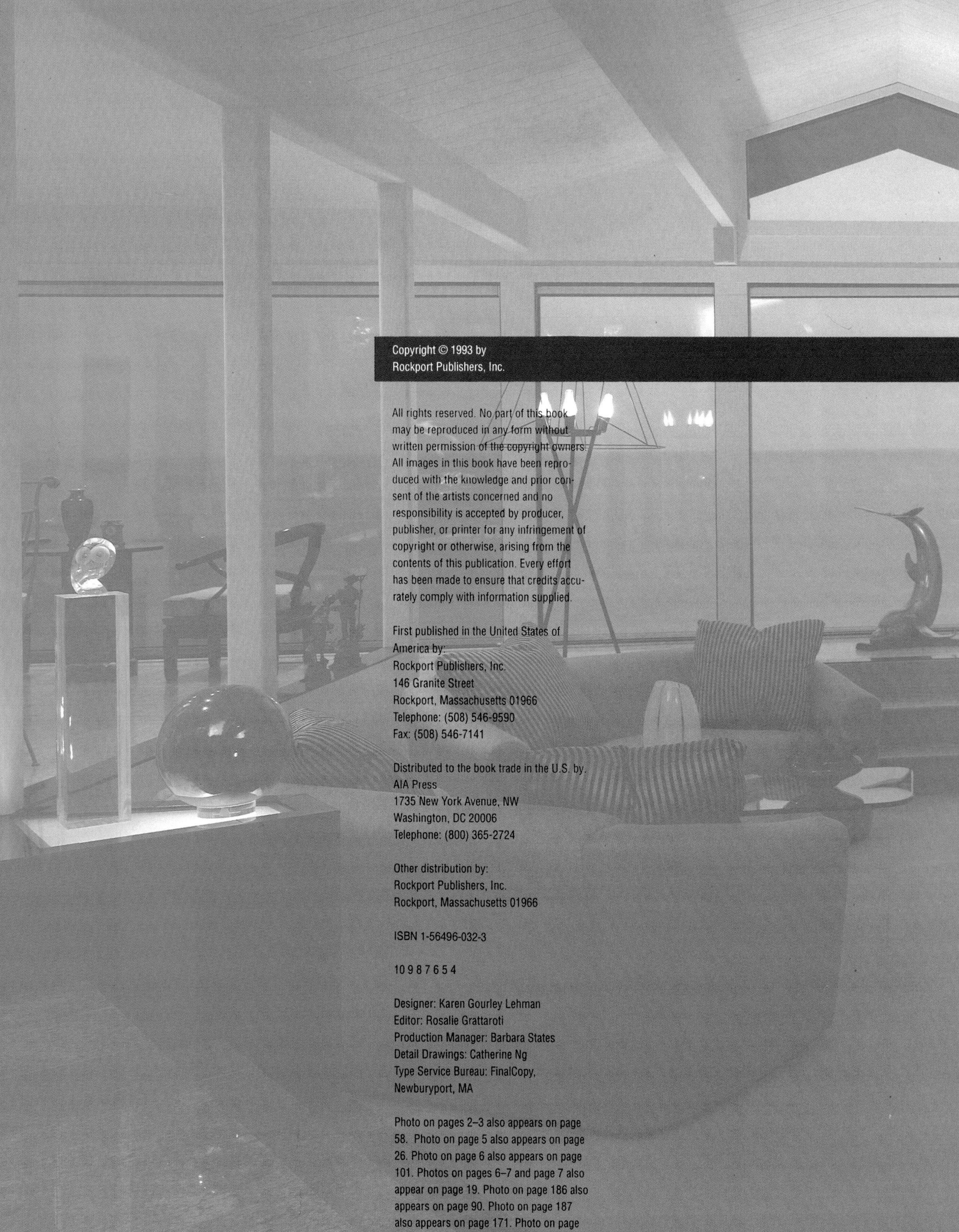

First published in the United States of America by:
Rockport Publishers, Inc.
146 Granite Street
Rockport, Massachusetts 01966
Telephone: (508) 546-9590
Fax: (508) 546-7141

Distributed to the book trade in the U.S. by:
AIA Press
1735 New York Avenue, NW
Washington, DC 20006
Telephone: (800) 365-2724

Other distribution by:
Rockport Publishers, Inc.
Rockport, Massachusetts 01966

ISBN 1-56496-032-3

10 9 8 7 6 5 4

Designer: Karen Gourley Lehman
Editor: Rosalie Grattaroti
Production Manager: Barbara States
Detail Drawings: Catherine Ng
Type Service Bureau: FinalCopy, Newburyport, MA

Photo on pages 2–3 also appears on page 58. Photo on page 5 also appears on page 26. Photo on page 6 also appears on page 101. Photos on pages 6–7 and page 7 also appear on page 19. Photo on page 186 also appears on page 90. Photo on page 187 also appears on page 171. Photo on page 188 also appears on page 95. Photo on page 189 also appears on page 123.

Printed in China

獻詞

我要將這本書獻給我的家人，他們愛我，鼓勵我去做想做的事。

感謝

我要感謝所有將他們的作品提供給我的設計師及攝影師們。由於他們的幫助，我們得到了各地優秀的燈光設計作品。同時我也要感謝提姆・布雷斯(Tim Brace)和凱撒林・恩格(Catherine Nig)，感謝他們不辭辛勞地協助及支持我寫這本書。

目錄

引介

引介
燈光爲何重要？

到目前爲止，當人們想到燈光時，還是停留在傳統的模式，桌燈，房間天花板正中央的固定鑲燈等，膽子比較大的人或許會嘗試裝個軌道燈。通常這樣的裝璜下燈光是集中在人的身上，而且會造成住家死角的陰影。但漸漸地有了改變，我們可以看到設計燈光的廠商在裝璜和設計方法上有了突破。因爲燈光影響我們感官視覺的印象，所以燈光設計現在被認爲是設計工作上一個重要的部份。不幸的是，現在大部份的燈光設計仍被一些人所指定，這些人只受過少許專業燈光技巧的訓練，在裝設燈光時，總是運用他們父母年代時的老舊方法和設計，對於技術上的限制無法突破，因循老舊的傳統而且通常缺乏想像力。在這本書裡，我們希望給讀者一個觀念，在他們開始一件新的工程或裝璜時，能夠朝向一個正確的方向。

新趨勢+新技術 令人興奮的成果

現在的燈光設計者不僅強調燈光要照射在人的身上，同時也強調他們周圍的環境。他們讓室內裝璜和燈光來源能夠調和。第一是必須確定整體的明亮度，可以運用包圍燈，如設計牆上突起的燈台、裝置凹形燈洞，或是裝設火炬式燈架來補充燈源。其次是在牆面凹陷處裝設可調整的燈源或軌道燈，當作是一個重點燈，這樣的重點燈可以強調藝術品或建築結構的美。最後，在工作或閱讀的地方，工作的焦點燈也是必須的。

適當的燈光設計可以當作裝飾性的裝璜，就像樹枝狀的藝術燈架，可以提供一個空間的藝術效果。

當燈光使得藝術品和建築結構引人注意時，令人興奮的成果就呈現了。在燈光經過仔細設計安裝後，空間立刻變得生動。

來訪的客人更能舒適地欣賞藝術品及經過燈光設計的室內裝璜，而不是在陰影或暗淡的燈光中摸索。

你可能會發現，人們還是跟以前一樣的忽略燈光設計，這就像音樂錄影帶尚未引起樂迷注意時的情況一樣。最好的燈光設計就是使室內的光源配置在最適當的位置而毫不勉強。

燈光是視覺上的珍品。這本書給讀者一個機會，去看看一些國家最好的燈光設計師所設計的作品。

玄關：品味的設計

玄關：品味的設計

對一個家庭而言，玄關決定了整個住家的氣氛和品味。在玄關處，燈光可以使空間更生動，同時也提供了一個迎接客人的優美環境。一個昏暗拘束的玄關空間，經過適當的燈光設計，可以變成溫暖、寬闊、舒適的地方，讓客人舒服地進入房子。

對玄關而言，通常有二個設計重點，就是使一個小的玄關空間看起來較寬敞，或者一個較寬敞的玄關看起來很溫馨。燈光的運用可以大大地改變這個重要的空間。良好的燈光設計可以展現建築的細部或隱藏缺點。玄關通常只是一個走道，客人不會花太多的時間在這裡。人們常在這裡打招呼，隨後就進入客廳了。當聚會結束時，這裡同時也能讓屋主留下一些時間，發表一下當天活動的感言。

燈光設計：
Kenton Knapp和Robert Trnax
室內設計：
Charles Falls和Kenton Knapp
攝影：
Eric Zepeda
在玄關處，用金屬檐板裝修的燈柱，讓燈光穿越了天花板。

燈光設計：
Don Maxcy
室內設計：
Don Maxcy
攝影：
Russell Abraham
在門前精緻的燈光設計彷邀請著客人進入。

燈光設計：
Donald Maxcy
室內設計：
Charles J. Grebmeier
攝影：
Russell Abraham
這個圓柱是經過巧妙的逆光投射設計，天花板裡有一整排耀眼的迷你連續燈（亦稱迷你泛光燈），沿著背部垂直投射。圓柱同時也受到可調式燈源照射，這種可調式燈源同時也使得藝術品更出色。在牆內上方凹處有一束藍白色燈源打在青銅器上。這盞很酷的藍色燈暈使得室內的環境更令人驚奇。

燈光設計：
Linda Ferry
室內設計：
Tony Cawasco和Greg Warner
攝影：
Russell Abraham
袋式的突出燈座，讓細部建築在逆光的投射下，更強調出這個玄關的曲線。

改變氣氛

一般而言，一個比較明亮的空間，感覺會比較有活力。一個暗淡的空間就會顯得低調。

在玄關的天花很高時，有個使人們感到更舒適的設計方法，就是裝設半透明的第二天花板牆，運用燈柱貫穿，創造一個想像的空間。

反射的燈光效果可以使較低的天花板看起來較高，較小的玄關看起來也會較大些。

以最少的擺設突出焦點

不要在玄關放置太多的物品，家俱應該保持到最少的限度，將設計過的燈光投射在少量的特殊飾品上。重點式的強調這些主要擺飾物。由於玄關只是一個通道，人們不會花太多時間駐足流覽，太多的擺設反而顯得沒有重點。

較明亮的燈光使得屋主和他的客人們看起來較爽朗，幽暗的燈光使人們看起來比較疲憊，同時也使得空間變得較少。

把玄關想像成一個親切溫馨的場所，它是一個迎接歡樂到來的通道。

Maurice Denis
Henri Matisse

燈光設計：
Becca Foster
室內設計：
Mark Horton
攝影：
Sharon Risedorph
向上的同軸螺旋梯有一致的明亮度，看起就像個雕塑品一樣，深木紋的牆面可以配置在斜角的燈源強調出來。

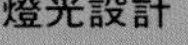

燈光設計：
Catherine Ng和Randall Whitehead
室內設計：
Lawrence Masnada
攝影：
Kenneth Rice
令人眼睛一亮的耀眼扶手是將玻璃光纖鑲入透明的合成樹脂中。屋主只要轉動小燈源中的色彩轉輪，就可以改變光纖色彩，換一個氣氛。

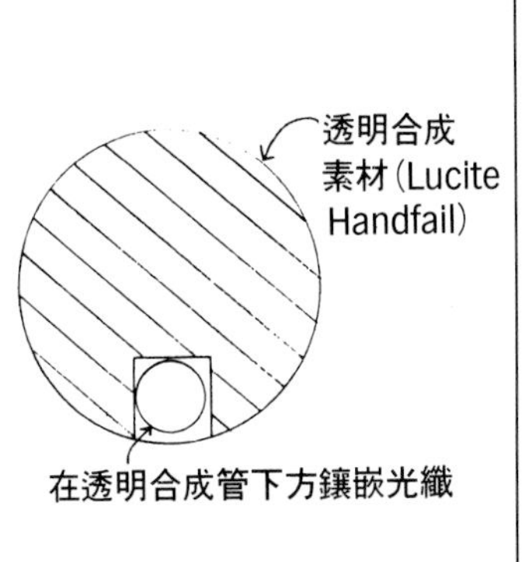

燈光設計：
Claudia Librett
室內設計：
Claudia Librett
攝影：
Durston Saylor
角落的裝璜和樑內燈源的配置使這塊狀空間增添了戲劇化的效果。

燈光設計：
Linda Ferry
室內設計：
John Schneider
攝影：
Gil Edelstein
這幅樓下的迴廊使用了三個強烈的下射聚光燈，引導訪客走入攝影作品處並進入室內。

螢光燈
假牆
壁柱

燈光設計：
Rondall Whitehead
室內設計：
Jessica Hall和Joanne McDowell
攝影：
Christopher Irion
圓柱上溫暖的琥珀色燈源就像太陽光一樣，牆上圖畫的色彩彷彿受到日光照射般地呈現立體效果。

燈光設計：
Lina Ferry
室內設計：
John Schneider
攝影：
Gil Edelstein
這座20英呎長的玄關橋是以屋樑和玻璃屏風作爲主體，有四個主燈源，在屋樑上方還有閃爍的迷你連續燈，這些連續燈都被小心地隱藏以避免反射到玻璃表面上，創造了一個使人印象深刻的屋樑光線效果。

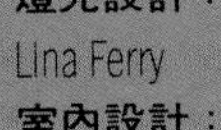

燈光設計：
Charles J. Grebmeier和Gunnar Burklund
室內設計：
Charles J. Grebmeier和Gunner Burklund
攝影：
Eric Zepeda
這幅白天和夜晚的照片讓人了解到光線是如何影嚮空間的視覺效果。

燈光設計：
Randall Whitehead和Catherine Ng
室內設計：
Christian Wright 和Gerald Simpkins
攝影：
Ben Janken

這座三英呎寬的玄關設計重點是讓走廊在視覺上看起來較寬敞些，設計師將鏡子鑲在三個方柱中間來達到效果。方柱上方有典型的燭台托架，這是分離式的牆上突出燈台。設計師的靈感來自古羅馬的神殿樑柱。在走廊較幽暗處和藝術品上方也配置了幾個調整式的燈源，廚房前的玻璃磚也有光線充足地照射。

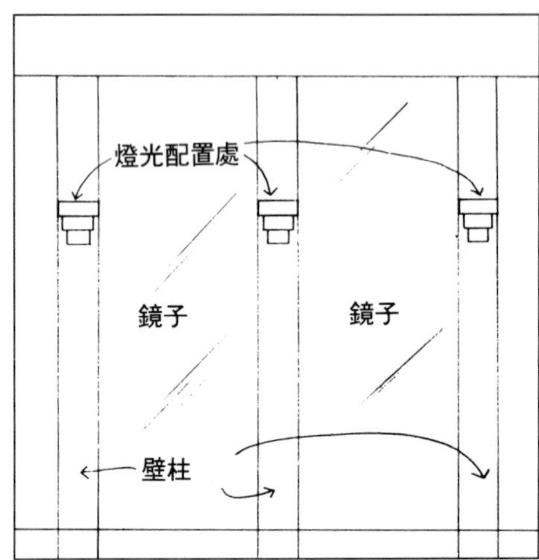

燈光設計：
Randall Whitehead
室內設計：
Christian Wright和Gerald Simpkins
攝影：
Randall Whitehead
20瓦的鹵素軌道燈使這盆花雕的姿態和色彩表露無遺。

燈光設計：
Kenton Knapp和Robert Truax
室內設計：
Charles Falls
攝影：
Mary Nichols
幽暗處的調整式燈源帶給藝術品生命力，而金屬外觀的牆上突起燈座使天花板的細部建築展現無遺。

燈光設計：
Becca Foster
室內設計：
Joseph Michalsky
攝影：
Philip pavliger
這張玄關細部的照片讓人們了解到經過良好的燈光設計配置，可以展現戲劇感，也使這個地方變得特別。一對向下照射的燈源付予整個花雕作品及天堂鳥鮮艷的色彩與活力。

燈光設計：
Kenton Knapp和Robert Truax
室內設計：
Charles Falls和Kanton Knapp
攝影：
Eric Zepeda
下層的裝璜強調的是鍍金浮雕和染色手法的東方屏風，火把式的牆上燈架使這個地方充滿神祕色彩。

燈光設計：
David Story
室內設計：
Dorian Muncey
攝影：
David Story

這一個寬敞的玄關似乎正邀請客人們在灰白階的大理石地板上跳一曲華爾滋，幽暗處的下射燈源和牆上突出的燈座（並沒有出現在這張照片中）使整個牆面和圓柱呈現奶油般的黃色光澤，就像整個室內都受到壁爐的火光照射般。

燈光設計：
David Stary
室內設計：
Dorian Muncey
攝影：
David Story

這個超高的天花板設計，使得裝置樹枝狀藝術燈架成爲一種挑戰，室內眞正的光源是來自幽暗處下方所配置的燈源和牆上突出的燈架，這樣使得上方的藝術燈較柔和，同時仍然閃爍動人。

燈光設計：
Nan Rosenblatt
室內設計：
Nan Rosenblatt
攝影：
Russell Abraham

兩盞調整式光源的配置點亮了這幅圖畫的生命力，此外正有閃爍的迷你連續燈隱藏周圍，使得尊貴的天花板細部一覽無遺。

233

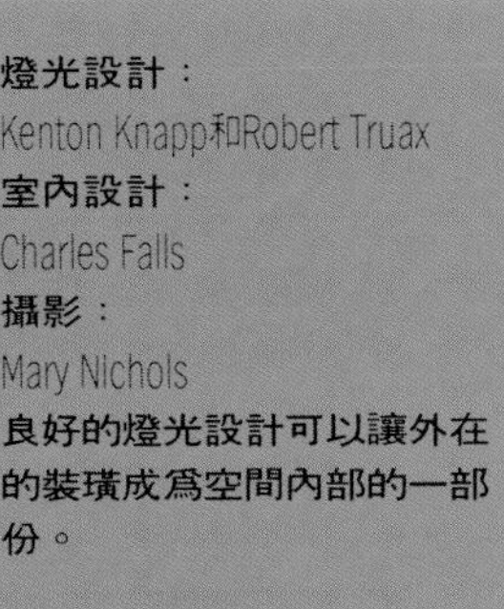

燈光設計：
Kenton Knapp和Robert Truax
室內設計：
Charles Falls
攝影：
Mary Nichols
良好的燈光設計可以讓外在的裝璜成爲空間內部的一部份。

燈光設計：
Randall Whitehead
室內設計：
Lawrence Masnada
攝影：
John Benson
暗色調表面處理可以使玄關的背景延伸，這是一個傑出的設計。調整式的重點燈強調了花飾，同時也點亮了白色的地磚。

燈光設計：
Susan Huey,James Benya,Brian Fogerty和Ross De Alessi
攝影：
Douglas Salin
設計師在作品底部運用低瓦數的投射光使這些作品散發特有的光暈。

燈光設計：
Kenton Knapp和Robert Truax
室內設計：
Charles Falls
攝影：
Mary Nichals
在幽暗處調整式的裝璜使用了低伏特燈源來強調屏風和裝飾的甕罐。

燈光設計：
Kenton Knapp
室內設計：
Charles Falls和Kenton Knapp
攝影：
Patrck Barta
這些圖騰柱正邀請著訪客進入一個充滿提蕪湖(Lake Tahoe)風格的住家中。

燈光設計：
Kenton Knapp和Robert Truax
室內設計：
Charies Falls和Kenton Knapp
攝影：
Eric Zepeda
這一座具燈光效果的擺飾架讓藝術收集品令人印象深刻。

燈光設計：
Randall Whitehead和Bart Smyth
攝影：
Randall Whitehead
閃耀的迷你連續燈配置在每一階樓梯前緣的底部，增加了建築結構的趣味，特別是在傍晚燈光較暗時，打開燈源，這些階梯便籠罩在一片藍薰衣草式的色彩下。

燈光設計：
Randall Whitehead
室內設計：
Marlene Grant
攝影：
Russell Abraham
這一處角落的細部，是將薔薇色調隱藏在日光燈管中。

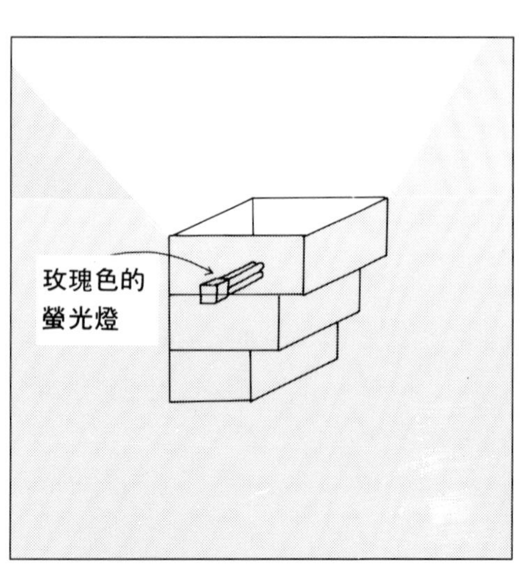

燈光設計：
Claudia Librett
室內設計：
Claudia Librett
攝影：
Durston Saylor
這個玄關的配置充份展現了紐約公寓的特色，重點燈的運用強調了方向感和深度，使這個較少的空間充滿了戲劇效果。在牆面平行的凹陷處以嵌燈照射在藝術飾品上。一盞低瓦數燈源以逆光效果打在花瓶擺飾台上，使整個擺飾台的陰影投射在牆面。

燈光設計：
Randall Whitedhead
室內設計：
Christian Wright
攝影：
Randall Whitehead
一盞低瓦數的軌道燈配置在一座特殊的樑上，投射了一道頗長的燈芒，穿越了螺旋支柱，創造了醒目的效果。

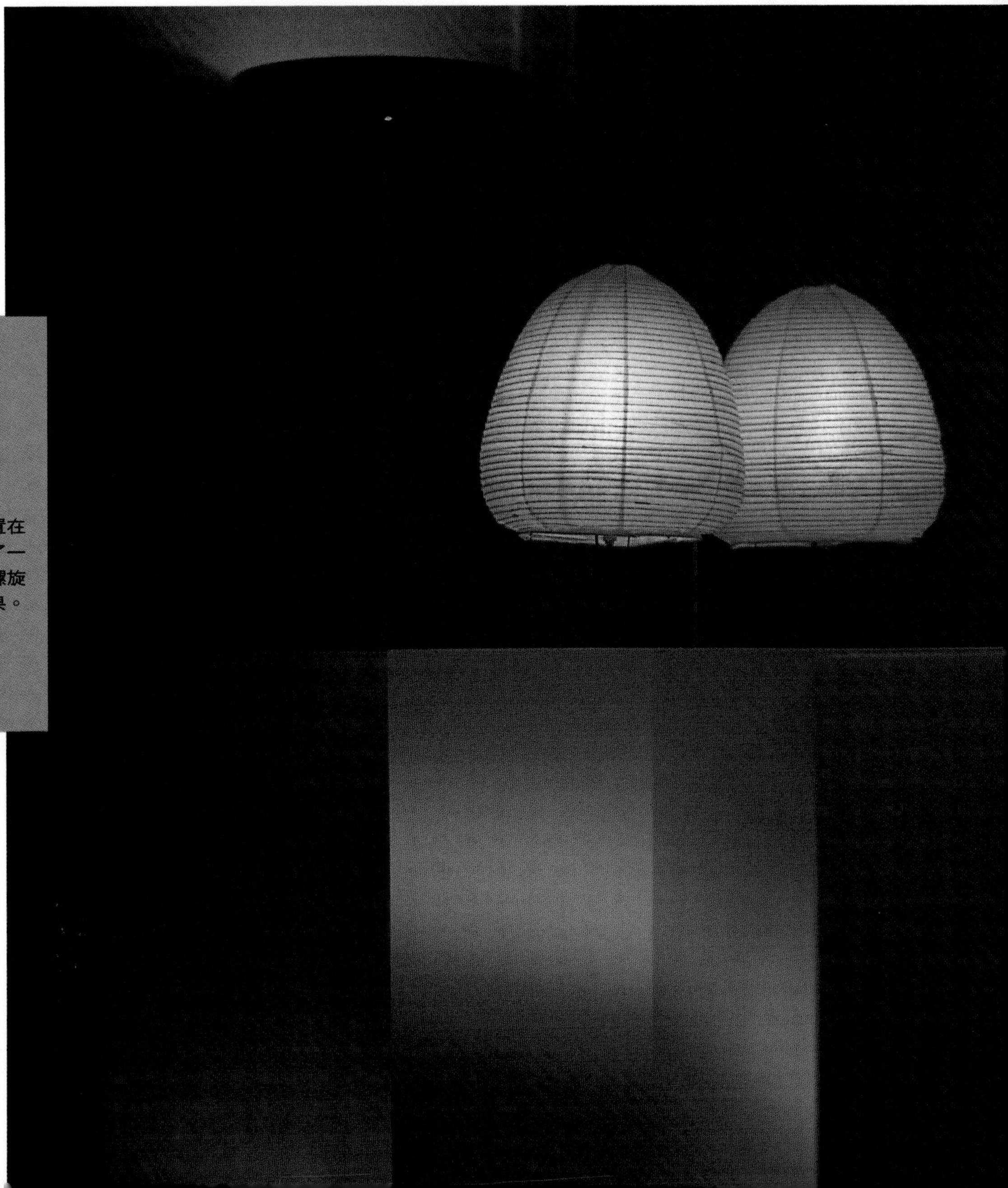

起居室：戲劇化而舒適的佈置

起居室：戲劇化而舒適的佈置

起居室應該是一個明亮而舒適的地方，讓人們能夠放鬆地交談。

利用燈光的效果創造出一個兼具人性化與戲劇化的環境。牆上突出的燈台和火把式的聚光效果通常會使室內有被燈光包圍的感覺，在這樣的環境下，人們的臉上會有柔和的陰影。

在幽暗的角落處，可以利用軌道燈或可調整的燈源來當作重點燈。

這應該會成爲室內的最耀眼處，也是利用燈光改變氣氛的最佳例子。

如果在一個燈光柔和的室內，裝置一個壁爐，看起來便會有明亮又溫暖的感覺。人們有靠近光源的習性，所以會聚集在最明亮處。

在其他的地方，應該有更溫馨的感覺。屋內環繞的包圍燈最好是微暗的，重點燈則應該明亮一些，這樣會使室內看起來空間較大些，如果在這些地方有小聚會時，也會更舒服些。

就是這樣

起居室對大部份成年人而言，只有在朋友來的時候才會派上用場。起居室常顯得樸素、冷漠，使人們不喜歡待在那兒。這種情況就要用燈光來加以改善。一般的情況下我們會在沙發兩邊各放一個桌燈，這種傳統的燈飾可能放在箱形裝飾櫃的上方，或者在椅子旁放一個立燈，每一盞燈都會有自己的陰影線。

當你打開這些燈時，這些視覺上的陰影效果，使室內其他東西立刻變成次要的焦點。因爲視覺上的空間被燈光緊縮了，這也是使得空間變得不舒服的主要因素。

燈光設計：
Jan Moyer
攝影：
Mary Nichols
這經過設計的燈光配置強調了這些俐落的幾何線條。絕妙的逆光和頂光燈源打在高處的甕上，凹陷處的畫有調整式光源和壁爐的光輝強調，樓梯間還有隱藏式光源像在邀請著人們拾階而上。

燈光設計：
Pam Morris
室內設計：
Neal Singer和Bonnie Singer
攝影：
Dennis Anderson
自然光和人造的光線穿插在這具有靈性的喬治亞・奧克菲(Georgia O'Keefe)室內，日光穿越了窗子將牆面分隔成黑與白的色澤，以蜥蜴裝飾鑲嵌的牆上燈座正準備迎接夜晚的到來。

燈光設計：
Jan Moyer
室內設計：
Douglas Salin
隱藏式軌道燈沿著牆上幽暗處配置，使這個挑高的起居室充滿活力。

燈光設計：
Ross De Alessi和Brian Fogerty
室內設計：
George Saxe和Ted Cohen
攝影：
Ross De Alessi
在這個起居室裡，藝術品的視覺效果充滿了整個空間。

燈光的配置

再來介紹一些燈光的配置，它們就像裝飾性的家俱一樣。在特別的設計下，用來發揮它們特殊的功能。像裝飾性的桌燈和一些藝術性的燈架，這樣的燈飾燈光較弱，也不能改變空間的變化。

起居室最重要的燈源，是包圍式的燈源，這是室內最具人性化的設計。它是以燈光來提昇室內的質感，同時也能讓人們臉上有柔和的陰影，這樣的燈光會使人看起來很舒服，所以儘可能開著這些燈光。

第二部分所討論是重點燈的配置。在室內特別幽暗的地方裝上幾個重點燈，可以使得物體看起來很醒目。像是藝術品、雕刻、盆栽、門牌等處。都可以裝上幾個重點燈，這樣的配置可使物體看起來不但有空間感而且會有戲劇化的效果。如果沒有這種燈光的配置，室內就會看起來平淡無味。就另一方面而言，對於沒有重點燈的設計室內會看起來會像美術館，所有的物品都很明亮，但休息的坐位和人們都在陰影中。這些都是包圍燈和重點燈爲何能成爲基本燈源的原因。

第三種必須的燈源是桌燈。這是你在工作時燈源，像閱讀、縫紉或寫作時。就起居室而言，可以配置在沙發或其他坐椅旁，像一些棒狀的台燈就很適合，它可以使你很舒適地在它的燈光下工作。

一旦這三種燈源在整個設計中配置完成後，其他就像樹狀燈架、燭台，牆上突出的燈座和藝術桌燈就能發揮它們裝飾和藝術的功能，也能使一個燈光設計良好的室內再添活力。

WAYNE THIEBAUD

燈光設計：
Claudia Librett
室內設計：
Claudia Librett
攝影：
Durston Saylor

光線與陰影的相互影響，增添了這個起居室的趣味。PAR36低瓦數燈投射在每個家俱飾物上，牆上突出的燈座提供了必須的包圍燈源。

燈光設計：
Ross De Aless和Brian Fogerty
室內設計：
George Saxe和Ted Cohen
攝影：
Ross De Alessi

藝術品使得這個起居室像畫廊般的迷人。

燈光設計：
Linda Ferry
室內設計：
Michelle Pheasant
攝影：
Gil Edeistein

經過柔和的燈光設計使室內每個空間都有一體的感覺。

燈光設計：
Danald Maxcy
室內設計：
William Reno
攝影：
Russell Abraham

因爲用了隱藏式的迷你連續燈源使展示櫃成了室內的焦點，並列的調整式燈源也使得其他飾物同樣出色。

燈光設計：
Linda Esselstein
室內設計：
Sharon Marston
攝影：
Russell Abraham

一列簡單的低瓦數燈系設計爲這個起居室增添了戲劇化的效果。大理石的壁爐設計彷彿像個藝術品，白色的陶甕像護衛著中間的主人般地挺直站立。

燈光設計：
Randall Whitehead
室內設計：
Lawrence Masnada
攝影：
Cecile Keefe

當燈源調暗時，整個起居室便沐浴在琥珀色璀燦光暈下。四周的牆面都受到窗簾後的燈源照射，使得整個室內的細部建築能在光暈下一覽無遺。

燈光設計：
Linda Ferry
室內設計：
John Schneider
攝影：
Gil Edelstein
在這幅作品中，將兩座牆上突出的燈座作爲柔和的背景燈源，和書櫃的重點燈相輝映。書櫃的重點燈是從天花板投射的。

燈光設計：
Linda Ferry
室內設計：
David Allen Smith
攝影：
Douglas Salin
利用一列低瓦數的線燈設計作爲牆上畫作和陶塑品的重點燈。鹵素垂吊燈增加了室內的空間感，同時也當作水果盤的下射燈。

燈光設計：
Ruth Sotorenko
室內設計：
Ruth Sotorenko
攝影：
Russell
在這個起居室裡，高處的下射軌道燈增添了不少戲劇化的效果。

燈光設計：
James Benya
室內設計：
Sharon Marston
攝影：
John Vaughan
這幅戲劇化的起居室同時也兼具了令人興奮的趣味性。以黃銅製的黑色火炬燈台當作穩重的包圍燈源，還有低瓦數的下射燈打在桌面和屏風上。燈光穿越了盆栽上的樹葉，樹葉的陰影映在牆面上。

燈光設計：
Randall Whitehead
室內設計：
Christian Wright和Randall Whitehead
藍色的濾光燈加強了這只花瓶的色彩。

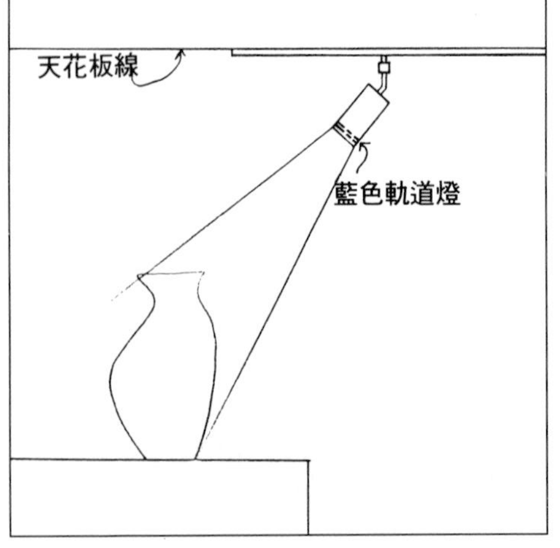

燈光設計：
Kenton Knapp和Robert Truax
室內設計：
Charles Falls
攝影：
Eric Zepeda
每一列書架都有獨立的光源，創造了這一處非美麗的空間。

燈光設計：
Charles J. Grebmeier和Gunnar Burklund
室內設計：
Charles J. Grebmeier和Gunnar Burklund
攝影：
Eric Zepeda
除了燭光外，這個室內還有20處不同的燈源，大部份的燈源都比較小，比較不引人注目。

燈光設計：
Jeffrey Werner
室內設計：
Jeffrey Werner
攝影：
David Livingston
柔和的燈光色調以及壁爐溫暖的光輝正歡迎著訪客進入這溫馨親切又舒適的起居室。

燈光設計：
Randall Whitehead
室內設計：
Eugene Anthony
攝影：
Christopher Irion
燈光付予了這些典雅家俱的生命力，連蒼翠的盆栽都蒙受其惠。

燈光設計：
Randall Whitehead
室內設計：
Lawrence Masnada
攝影：
Jeremiah D. Bragstad
溫馨的起居室角落放著遊戲桌。在窗戶中間配置了柔和的燈源，提供了無陰影的良好照明，讓人們在淡紫色的光源下玩些輕鬆的紙牌遊戲。

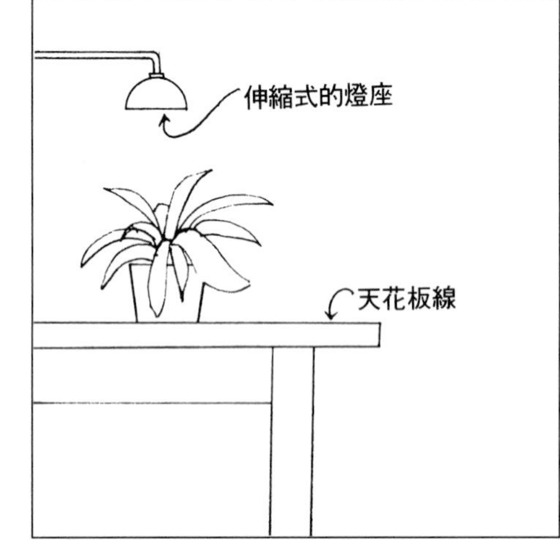

燈光設計：
Jeffrey Werner
室內設計：
Jeffrey Werner
攝影：
David Living
這尊有趣的青銅雕像，它的光線是來自背後熾熱的煤碳火光。

燈光設計：
Michael Souter
室內設計：
Michael Souter
攝影：
Ross De Alessi
雕塑品般的12瓦線燈系統提供了室內藝術品的重點燈源。

燈光設計：
Charles J. Grebmeier和Gunnar Burklund
室內設計：
Charles J. Grebmeier和Gunnar Burklund
攝影：
Eric Zepeda
在桌上所放置的燭光燈仍然是重要的燈源。這景像同時也被窗外淡藍色的教堂塔尖襯托得更動人。

燈光設計：
Donald Maxcy
室內設計：
Donald Maxcy
攝影：
Russell Abraham
經過調整式燈源和傳統扇形壁燈的配置，展現了室內令人驚奇的裝璜佈置及燈光效果。

燈光設計：
Randall Whitehead和Catherine Ng
室內設計：
Linda Bradshaw－Allen
攝影：
Ben Jankan
當這些牆上的燈座調暗時，明亮的光暈會變成溫暖的琥珀色光芒。燈光反射到裝飾假窗上，強調出建築的細部。

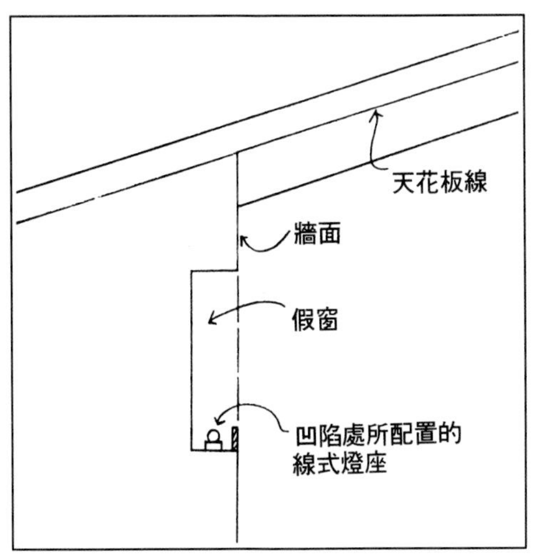

燈光設計：
Catherine Ng和Randall White-head
室內設計：
Linda Bradshaw
攝影：
Kenneth Rice
這令人興奮的空間整合了燈光設計與室內設計的美。牆上和裝璜所呈現的乳色光暈相互輝映著，而天花板絕妙的設計使室內更加柔和。四方的角落各有一個火炬式燈架，提供了主要的補充燈源，也使得四面的天花板皆受光，展現了建築細部的美。

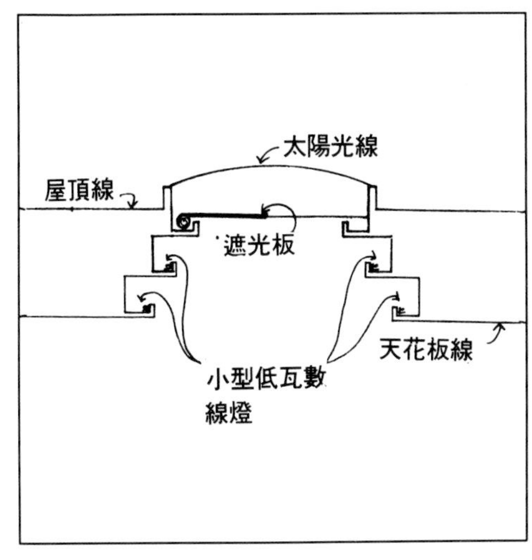

燈光設計：
Randall Whitehead
室內設計：
Kent Wright
攝影：
Stephen Fridge

在這一處位在舊金山的起居室中，我們看到燈光設計的極致表現。包圍燈源是來自牆上的扇型燈座，這幾座120伏特的包圍燈源向上投射到天花板，造成了反射的光球。上下相互輝映使光線再落在室內裝璜上，也讓這些包圍燈的光暈呈現粉橘的色彩。在幽暗處的調整式光燈讓雕塑品有立體感，同時也是壁爐上藝術品的重點燈。在茶几上還有二盞黃銅製的工作燈。

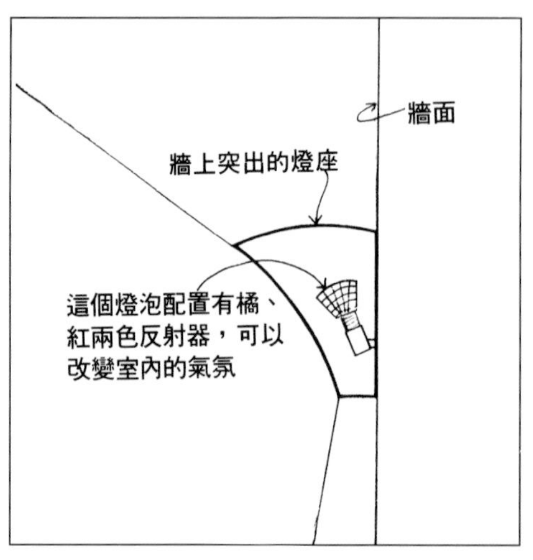

燈光設計：
Randall Whitehead
室內設計：
Kent Wright
攝影：
Stephen Fridge

這個屋主是一位眞正的收藏家，他收集的作品來自已成名和有潛力但未成名的畫家。這些畫作及雕刻品也帶給訪客歡樂的氣氛。天花板的調整式光源也強調了牆上的畫作和藝術品。

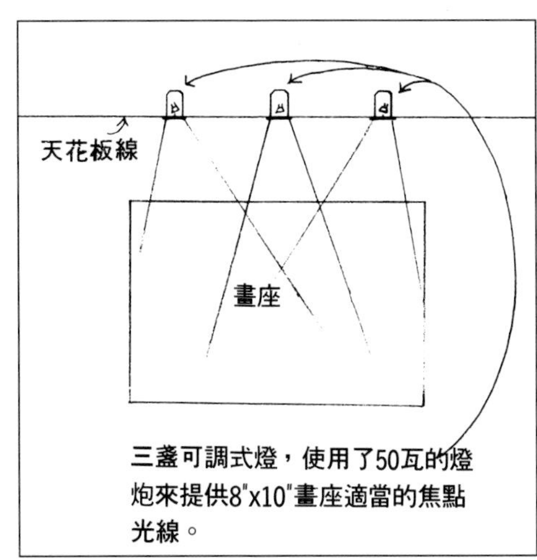

三盞可調式燈，使用了50瓦的燈炮來提供8"x10"畫座適當的焦點光線。

燈光設計：
Christopher Thompson
室內設計：
Roger Newell
攝影：
David Story
這一處莊嚴華麗的起居室，使人們忘了身處於城市中，幽暗處的調整式光源增加了這個空間絕妙的光輝感。

燈光設計：
Christopher Thompson
室內設計：
Roger Newell
攝影：
David Story
這個起居室超輝煌的設計使這裡增添了另一種戲劇效果。薄荷綠的玻璃雕品捕捉了天花板可調式光源的光線，再折射回天花板。閃爍的迷你連續燈都隱藏在台階前緣底部，使這個幽暗處別具特色。

燈光設計：
Charles J. Grebmeier和Gunnar Burklund
室內設計：
Charles J. Grebmeier和Gunnar Burklund
攝影：
Eric Zepeda
要創造溫暖又神秘的環境，可從藝術品的重點燈配置著手，不要配置下射式的重點燈，改採上射式的燈源。

燈光設計：
Jeffrey Werner
室內設計：
Jeffrey Werner
攝影：
David Livingston
重點燈展現了樸實的色調，使室內讓人輕鬆舒適。

燈光設計：
Randall Whitehead和Catherine Ng
室內設計：
Christian Wright和Gerald Simpkins
攝影：
Ben Janken
在這個溫馨的座位處有特別的牆上燈座，它投射的光線效果創造了第二道天花板線，這更增加了室內的舒適感。

燈光設計：
Kenton Knapp
室內設計：
Charles Falls和Kenton Knapp
攝影：
Patrick Barta
在天花板的內緣有光源強調格狀金屬裝飾架的特色，同時也展現了空間效果。

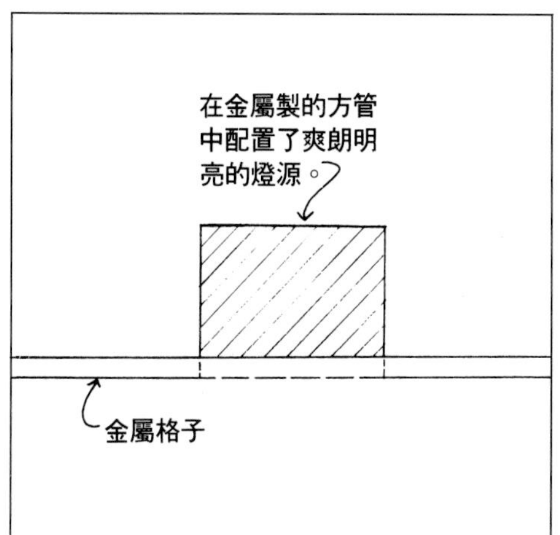

燈光設計：
Ross De Alessi
室內設計：
Sharon Marston
攝影：
Russell Abraham

光線投射到法國式的落地窗門上，和窗外的自然光相輝映，決定了這個加州起居式的色調。在天花板處有調整式光源當作桌面上飾物的強調燈。另外角落還有可動式的立燈可以補充光源。

燈光設計：
Becca Foster
室內設計：
Michael Harris
攝影：
John Martin

這幅令人亮眼的舊金山景色是將室內的燈源多採取低瓦數的燈光配置，壁爐的逆光效果讓人看清楚牆線。

燈光設計：
Robert Truax和Kenton Knapp
室內設計：
Charles Falls
攝影：
Eric Zepeda
這個白色的水晶礦石像是從內部射出光暈一樣。

燈光設計：
Randall Whitehead
室內設計：
Christian Wright和Gerald Simpkins
攝影：
Randall Whitehead
一盞可調式燈源直接安裝在花瓶內，透過藍色鏡面將色光投射到天花板上。

燈光設計：
Claudia Librett
室內設計：
Claudia Librett
攝影：
Durston Saylor
可調式光源以清爽的亮度強調壁爐和書架。除了桌燈外，書架上還有補充燈源，創造出琥珀色的光暈效果。

燈光設計：
Kento Knapp
室內設計：
Charles Falls和Kenton Knapp
攝影：
Patrick Barta
傳統式的線燈裝設在畫作上方，使整張畫作受到光線的洗禮。

燈光設計：
Jeffrey Werner
室內設計：
Jeffrey Werner
攝影：
David Livingston
天花板上調整式的光源讓室內的畫作和擺飾物增加了戲劇效果。

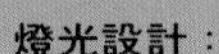

燈光設計：
Robert Truax
室內設計：
Carlos Sanchez和Al Ruschmeyer
攝影：
Eric Zepeda
畫上的軌道燈、桌燈及牆上燈座相結合，使室內空間更舒適，同時有不錯的視覺效果。

燈光設計：
Donald Maxcy
室內設計：
Donald Maxcy
攝影：
Russell Abraham

在壁爐前設計了一個盒子狀的平台，表面是暗色調的處理。在天花板上方配置了4盞下射式的光源當作藝術品的重點燈，平台表面同時也受光反射。棕櫚樹的下方有配置燈源向上照射，使樹葉陰影反射在天花板上，帶給這個起居室自然的感覺，同時也軟化了室內嚴肅的氣氛。

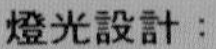

燈光設計：
James Benya
室內設計：
Sharon Marston
攝影：
James Benya

天花板四周的軌道燈是室內擺飾物的重點燈，利用軌道燈下射所造成的陰影和光線的感覺創造一個戲劇化的空間效果。

燈光設計：
Jeffrey Wemer
室內設計：
Jeffrey Wemer
攝影：
David Livingston
在這幅令人印象深刻的住家中，調整式燈源和軌道燈引導著訪客去探索每個房間的視覺寶藏。

燈光設計：
Charles J.　Grebmeier和
Gunnar Burklund
室內設計：
Charles J.　Grebmeier和
Gunnar Burklund
攝影：
Eric Zepeda

這幅戲劇化的配置是運用低瓦數的燈源鑲嵌在中空的天花板樑裡所造成的效果。

燈光設計：
Susan Huey
攝影：
Dougles Salin
懸吊式的軌道燈增添建築物本身的趣味。

燈光設計：
Craig Leavitt
室內設計：
Craig Leavitt
攝影：
Russell Abraham
這個超現代的書桌是受到側後方的三角燈架所照射，使桌面完全受光。

燈光設計：
Charles J.　Grebmeier和Gunnar Burklund
室內設計：
Charles J.、Grebmeier和Gunnar Burklund
攝影：
Eric Zepeda
屋主讓他所收集的每個鐘都配置有自己的燈源。

燈光設計：
Donald Maxcy
室內設計：
oliver white
攝影：
Russell Abraham
天花板上調整式燈源使室內的藝術品更具活力，而桌燈也爲這個空間增加了溫暖的氣氛。

燈光設計：
Donald Maxcy
室內設計：
Jan Gardner
攝影：
Russell Abraham
壁爐上方的壁溝中有燈源打在畫作上，傾斜的天花板和玻璃桌面容易產生反光的問題，設計師利用精心設計的低瓦數調整燈源來解決這個問題。

燈光設計：
Kenton Knapp
室內設計：
Charles Falls和Kenton Knapp
攝影：
Eric Zepeda

下射式的調整燈源創造了一種燈池的效果，讓座椅都處在燈光下。可調式燈原則是壁爐上畫作和藝術品的重點燈。兩盞茶几上的桌燈提供了完美無陰影的閱讀空間。

燈光設計：
Christopher Thompson
室內設計：
Roger Newell
攝影：
David Story

從這個角度望去，這個起居室似乎擁有了高樓大廈林立中難得的平靜。牆上的畫作有白薰衣草色的重點燈強調著，同時也讓壁爐的設計引人注目。

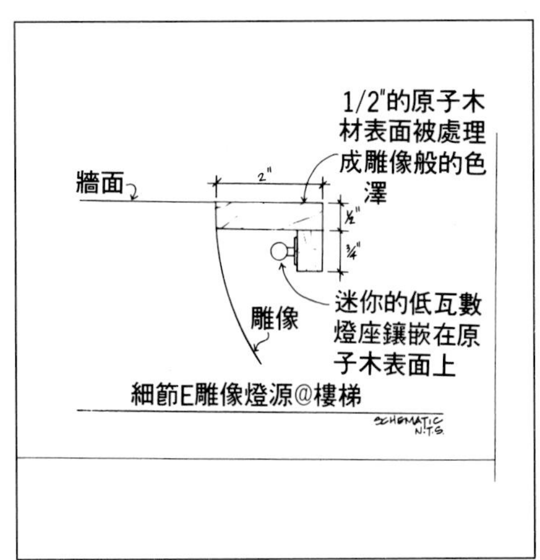

燈光設計：
Susan Huey
室內設計：
Laura Seccombe
攝影：
Douglas Salin
歐式的牆上突出燈座向天花板投射了溫和明亮的光線，在書本及雕飾品的展示櫃中有隱藏式的燈源，讓整個櫃子成爲焦點。低瓦數的軌道燈分別強調著室內其他不同的物體。

燈光設計：
Cynthia Bolton karasik和
Flegels Design
室內設計：
Flegels Design
攝影：
Douglas Salin
天花板上巨大的吊燈爲室內大部份的裝璜擺飾提供了重點燈源。窗外的光線使花園成爲室內的一部份。

燈光設計：
Terry Ohm
室內設計：
Terry Ohm
攝影：
Rosalie Blakey
像這個特別的燈源設計，它融合了藝術與實用性，同時讓特殊的燈光視覺溶入空間中。

燈光設計：
Susan Huey
攝影：
Douglas Salin

這個結合書房與接待室的書房有男性化的線條和溫和的氣氛。連串式的可調式燈源打亮了木頭色澤，也使得牆上的風景畫更引人注意。

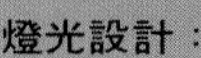

燈光設計：
Randall Whitehead
室內設計：
Lilley Yee
攝影：
Russell Abraham

牆角這座溫暖的上射式鹵素燈源創造了一個可閱讀或下棋的舒適環境。

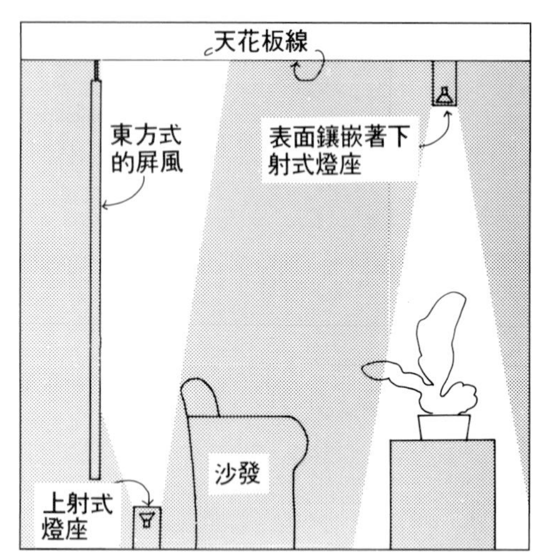

燈光設計：
Randall Whitehead
室內設計：
Lawrence Masnada
攝影：
Jeremiah O. Bragstad

這是一個非常簡單的燈光配置應用，利用少數配置良好的重點燈源展現了戲劇化的蒼翠感，暗色調的處理可以使室內空間變大，藝術品和盆栽都有重點燈來強調，藉著屏風的重點燈使室內充滿東方的氣息。

CASTLES
CHARLES & DIANA
MEDIEVAL
KNIGHT

燈光設計：
Jan Moyer
室內設計：
Donna Gleckler
攝影：
Douglas Salin
薰衣草色系的燈光配置，讓這起居室充滿神秘的東方氣息。低瓦數的燈源也讓室內更有親切感。

燈光設計：
Randall Whitehead和Catherine Ng
室內設計：
Christian Wright和Gerald Simpkins
攝影：
Randall Whitehead

這裡的室內設計和燈光有絕妙的搭配感。幽暗處的調整式光源打在藝術品和咖啡桌上，而具裝飾效果的牆上燈座提供了整個室內主要的燈源，同時正散發出火炬式的耀眼光芒。

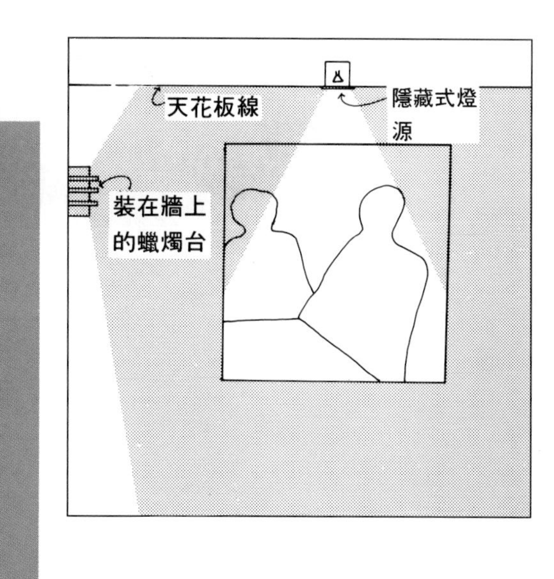

燈光設計：
Randall Whitehead
室內設計：
Lawrence Masnada
攝影：
Cecile Keefe

在這一個前衛的起居室裡，設計師利用玻璃天花板的設計，配合燈光讓曲線的家俱呈現出透明感。在沙發底部配置了迷你連續燈，強調出曲線的美。幽暗處的可調式燈源打在透明雕塑品和盆栽上。

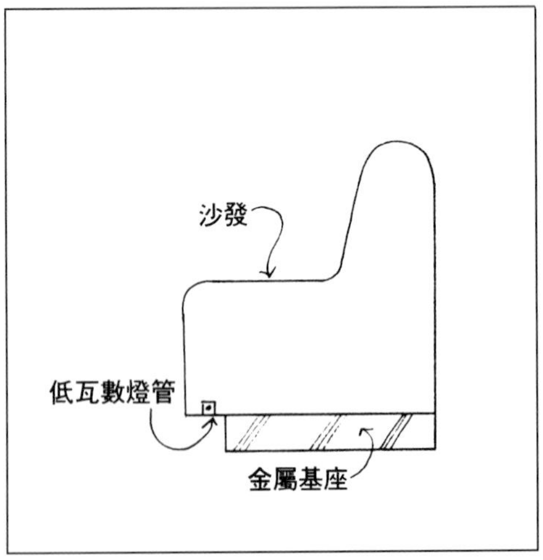

沙發
低瓦數燈管
金屬基座

燈光設計：
Cynthia Bolton Karasik和
James Benya
室內設計：
Gary Hutton
攝影：
James Benya
有幾盞架在木樑上的上射燈源，強調了木製的天花板特色。

燈光設計：
Kenton　Knapp和Robert Truax
室內設計：
Charles Falls
攝影：
Mary Nichols

從下往上照射的閱讀燈源，讓人能在無陰影的環境中閱讀，同時又不會破壞到窗外的景緻。

飯廳：主要的場所

飯廳：主要的場所

當朋友在傍晚來訪時，通常重頭戲會在飯廳。在良好的燈光設計下，即使是最樸素的餐點也能讓人眼睛一亮。

一個成功的飯廳，包圍燈的配置是一個重要的因素。如果客人在飯廳裡覺得舒適愉快，潛意識裡會對整個居家的感覺很好。

原則上，家裡的飯廳是比較特別的，藝術形的燈架可以使飯廳有明亮閃爍的氣氛。問題是這種單獨的光源在飯廳裡常顯得太刺眼而使其他裝飾失色，每樣東西都被它搶盡了鋒頭。

解決辦法是加上補充燈源和強調式的燈源，這樣的配置能夠使藝術形的燈架只發揮鮮明的閃耀感，也能讓這整個室內有燈光幻覺的氣氛。

燈光設計：
Charles J. Grebmeier和Gunnar Burklund
室內設計：
Charles J. Grebmeier和Gunnar Burklund
攝影：
Eric Zepeda

這個起居室像是專門爲歡樂的節日所設計的，它的燈光大部份來自下射式的金黃色和藍色燈源。

燈光設計：
Becca Foster
室內設計：
Joseph Michaisky
攝影：
Philip Parliger

餐桌上的吊飾燈強調出餐桌的中心感，同時也當作桌上擺飾物的重點燈。它照亮了家俱的質感，再反射回玻璃的燈蓋上，強調出飾燈本身的特色。

燈光設計：
James Benya
室內設計：
Sharon Marston
攝影：
John Vaughan
黃昏的光線讓圓柱變成暗天藍色，而下射式的低瓦數軌道燈增添了空間的戲劇化效果。

燈光技巧

一般必要的燈源，可以來自牆上突出的燈台、火炬式燈座或凹形燈源。一些廠商在設計樹枝形的藝術燈架時，除了直接燈源外會再設計一個間接燈，隨著燈光轉變，可以區分成閃耀的鮮明亮度和微暗的燭光感覺，同時也能增添趣味。

具有特色的光源，像幽暗處可調整的燈源或軌道燈的配置可以用來強調藝術品，也能增添戲劇化效果。

不只是個飯廳

事實上，當屋主沒有招待客人時，飯廳通常是工作的地方，像整理稅單或付帳的時候可以利用一個明亮的間接燈源來提供一個良好無陰影的照明環境。不管作什麼用途，可支配性的燈光配置都能使飯廳在作任何用途都不致令人失望。

燈光設計：
Susan Huey,James Benya和
Jan Moyer
室內設計：
Laura Seccombe
攝影：
Douglas Salin
薰衣草色的散光燈源爲這張餐桌增添了不少歡樂的氣氛，在牆內凹處有一盞紅色濾光燈把玫瑰溶入畫中。

燈光設計：
Randall Whitehead和Catherine Ng
室內設計：
Christian Wright和Gerald Simpkins
攝影：
Ben Janken
讓這個小飯廳看起來較大的原因是，利用燈光打在地板上，讓地板反光，在視覺上空間就變得較大了。可調式燈源從天花板打在盆栽及植物上，再加上藍色的日光燈來使壁上的畫作顏色更鮮明。

燈光設計：
Linda Ferry
室內設計：
John Sohneider
攝影：
Gil Edelstein
一盞戲劇化的背景燈使這個空間有了焦點。這個屏風隔開了起居室與餐廳，同時也讓這兩個空間不互相干擾。

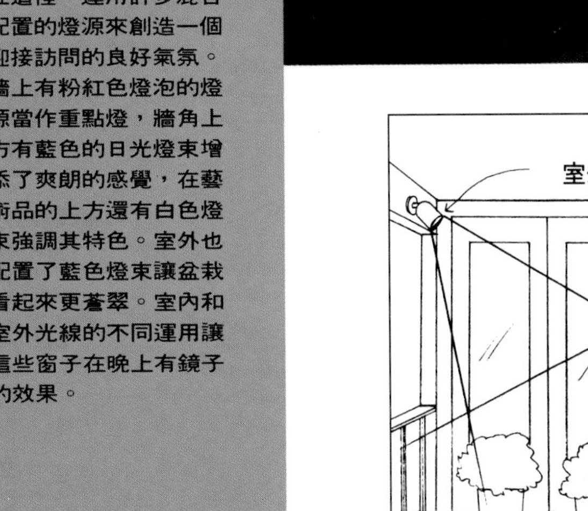

燈光設計：
Randall Whitehead和Catherine Ng
室內設計：
Christian Wright和Gerald Simpkins
攝影：
Ben Janken

在這裡，運用許多混合配置的燈源來創造一個迎接訪問的良好氣氛。牆上有粉紅色燈泡的燈源當作重點燈，牆角上方有藍色的日光燈束增添了爽朗的感覺，在藝術品的上方還有白色燈束強調其特色。室外也配置了藍色燈束讓盆栽看起來更蒼翠。室內和室外光線的不同運用讓這些窗子在晚上有鏡子的效果。

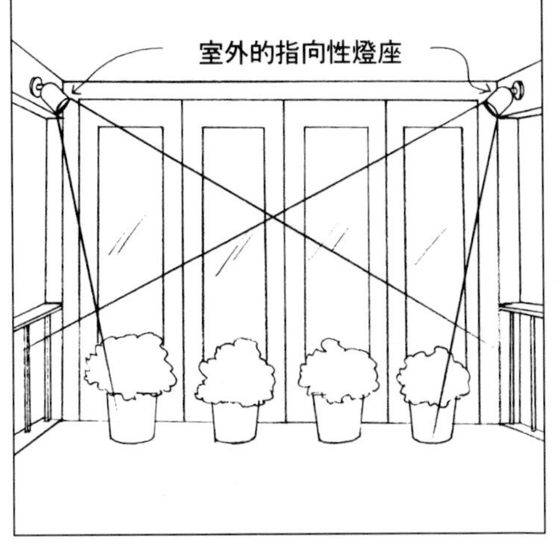

Great Family Collections
MASTERS OF PAINTING
TIFFANY TABLE SETTINGS
MEXICO
THE LAST LION
THE FINAL DAYS
BLIND AMBITION
RENAISSANCE
ART TREASURES OF THE VATICAN

燈光設計：
Charles J. Grebmeier和
Gunnar Burklund
室內設計：
Charles J. Grebmeier和
Gunnar Burklund
攝影：
Eric Zepeda
在沒有壁爐的情況下，書櫃的設計仍然爲這一間飯廳帶來溫馨的氣氛。

燈光設計：
Kenton Knapp
室內設計：
Charles Falls和Kenton Knapp
攝影：
Patrick Barta
隱藏式的迷你泛光燈展現了這個精緻的天花板細節，它的四周還有調整的燈源打在室內的物品上。

燈光設計：
Kenton Knapp
室內設計：
Charles Falls和Kenton Knapp
攝影：
Eric Zepeda
小型的鹵素燈架讓天花板罩的細節一覽無遺，可調式的燈源打亮了室內的盆栽和裝飾物，同時也表現了木製家俱裝璜的質感。

燈光設計：
Jeffrey Werner
室內設計：
Jeffrey Werner
攝影：
David Livingston

適當的燈光配置讓這個餐廳展現出剛強的本色，從室內望出去，蒼翠的樹木和窗子就像張山水畫，室內還有調整式燈源當作飯桌及桌上圓盤的重點燈。

燈光設計：
Becca Foster
室內設計：
Michael Harris
攝影：
John Martin

明朗的低櫃設計延長了飯廳的視野，一對可調式燈源將光線灑在充滿東方氣息的屏風上。

燈光設計：
Catherine Ng和Randall Whitehead
室內設計：
Lawrence Masnada
攝影：
Sid Del Mar Leach

這是一幅位在舊金山雙峰(Twin Peak)的居家，傳統懸吊式的天花板和同樣是橢圓形的餐桌相對應著，利用可調式燈源當作室內的重點燈，而牆上燈座和隱藏在天花板內緣的燈源創造了室內光輝的感覺。

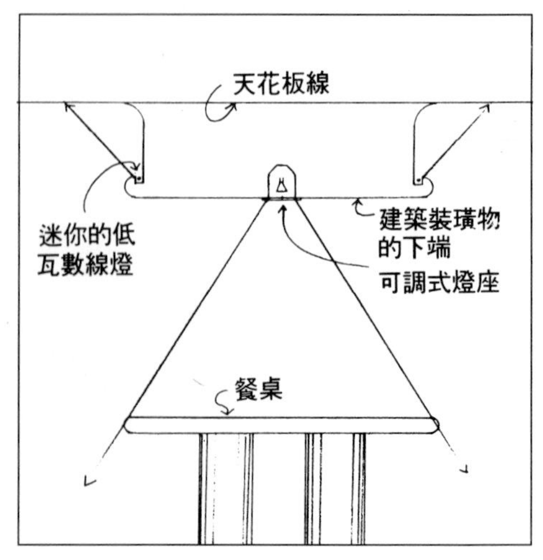

燈光設計：
James Benya
室內設計：
Sharon Marston
攝影：
John Vaughan
典雅的木質家俱上方配置有下射式燈源，創造了一個完美的談話或用餐空間。

燈光設計：
Don Maxcy
室內設計：
Oliver White
攝影：
Russell Abraham
在天花板的溝縫中有配置傳統式燈源，強調著室內的花草和擺飾物，角落處的盆栽還配置了上射式燈源。將樹葉的光影照在天花板上。

燈光設計：
James　Benya和Deborah Witte
室內設計：
Karen Carroll
攝影：
James Benya
樹枝狀的藝術吊燈帶給室內典雅的氣氛，而調整式光源照射著室內其他的飾物。

燈光設計：
Randall Whitehead和Catherine Ng
室內設計：
Linda Bradshaw-Allen
攝影：
Ben Janken
牆上的燈座配置了不均勻的反射濾鏡，讓光線交錯地反射在室內的四周。還有一些裝飾性的燈源讓室內更人性化。打開法式的落地窗就能看到加州的礁湖。

燈光設計：
Randall Whitehead和Catherine Ng
室內設計：
Linda Bradshaw-Allen
攝影：
Ben Janken

牆上燈座將不對稱的光線投射到室內。這些透明的家俱就像漂浮在空中一樣。窗外的光線也讓這些窗戶像有燈光照射般的明亮。

燈光設計：
Kenton Knapp
室內設計：
Charles Falls和Kenton Knapp
攝影：
Mary Nichols
這裡的燈光設計有一部份是爲了表現細部建築而配置的，溫暖的燈光決定了室內的氣氛。
開放式的空間設計讓家人及訪客在廚房、飯廳、起居室間自由進出。燈光的設計也讓這裡更有開放空間的氣氛。

燈光設計：
Robert Truax和Kenton Knapp
室內設計：
Charles Falls
攝影：
Eric Zepeda
經過調整式燈源的照射，讓這盆美麗的花彫在光影交錯下顯得更動人。

燈光設計：
Linda Ferry
室內設計：
John Schneider
攝影：
Gil Edelstein
在挑高的屋頂下，這裡的燈光是特別爲了有一個親蜜的用餐空間而設計的，將燈光焦點集中在與人同高的地方，便會有這種效果。

燈光設計：
Robert Truax和Kenton Knapp
室內設計：
Charles Falls
攝影：
Patrick Barta
巧妙的底部光線設計及可調式燈源的運用，讓這個飯廳充滿精緻明亮的感覺。

燈光設計：
Bernard Corday
室內設計：
Nancy Olsen House
攝影：
David Livingston
雪花石製的牆上燈座讓這個起居室充滿溫暖的感覺。

燈光設計：
Randall Whitehead
室內設計：
Sarah Lee Roberts
攝影：
Randall Whitehead
展示櫃內有隱藏式燈源使水晶製品和瓷器更引人注目，而可調式的燈源也使得桌面中心有光輝的感覺。

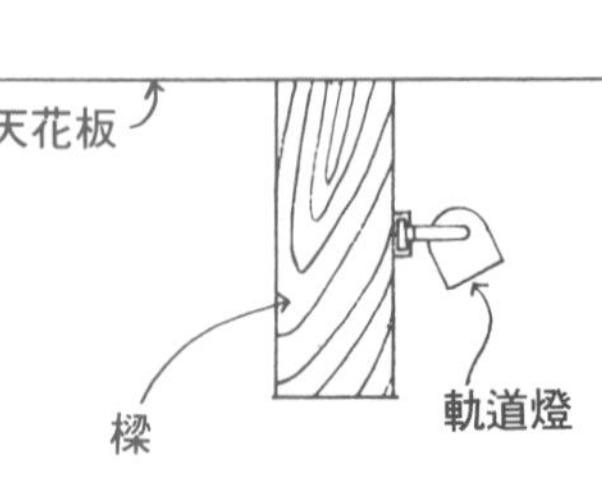

燈光設計：
Ron Martion
室內設計：
Ron Martion
攝影：
Russell Abraham
當調整式燈光派不上用場時，設計師Ron Martion選擇了軌道燈讓室內的環境有生命力。一盞火炬式的燈源用來補充室內的光線，也讓天花板變成牆壁的一部份。

燈光設計：
Courtesy of Lightolier
室內設計：
Courtesy of Lightolier
攝影：
Courtesy of Lightolier
在這個充滿東方風味的室內，配置了一盞日本式的懸吊燈。

燈光設計：
Cynthia Bolton Karasik和
James Benya
室內設計：
Gary Hutton
攝影：
James Benya
隱藏得很好的重點燈源創造出這個戲劇化的環境。

燈光設計：
Randall Whitehead
室內設計：
Kent Wright
攝影：
Stephen Fridge

在舊金山的這間房子裡，訪客們會發現自己被這些經常改變的藝術品或雕塑所圍繞。一盞非常柔和的低瓦數調整燈源，打在這些藝術品上。還有調整式燈源散發著光暈讓人們在良好的燈光下進餐。

燈光設計：
Randall Whitehead
室內設計：
Kent Wrighe
攝影：
Stephen Fridge

這尊常人大小陶塑像特寫讓人了解到，良好的燈光配置可以帶給物體生命力，完全呈現出物體的質感與色彩。

燈光設計：
Courtesy of Lightolier
室內設計：
Courtesy of Lightolier
攝影：
Courtesy of Lightolier
迪肯式（deco-in-spired）的吊燈可以將光線往上下兩邊投射。

燈光設計：
Kenton Knapp 和 Robert Tvuax
室內設計：
Charles Falls
攝影：
Mary Michols
小型的調整式光源讓藝術品和飯桌顯得非常傑出，不必借助於窗外的光線。

LEONOR FINI

燈光設計：
Randall Whitehead 和 Catherine Ng
室內設計：
Christian Wright 和 Gerald Simpkins
攝影：
Ben Janken

在這個歐式的小廚櫃中，運用傳統灰色的花岩薄片來隱藏工作燈的電線。為了有個良好的工作環境，設計師將重點燈配置在薄板的後方。

燈光設計：
Randall Whitehead 和 Catherine Ng
室內設計：
Chula Camp
攝影：
Ben Janken

這個爸色的廚房受到隱藏在小廚櫃下方的燈源以及小型牆上燈座所照射，提供了一個無陰影的良好工作環境。在迴廊的牆上有突出的燈座當作這個開放式廚的補充燈涼。
（在圖片中看不到）

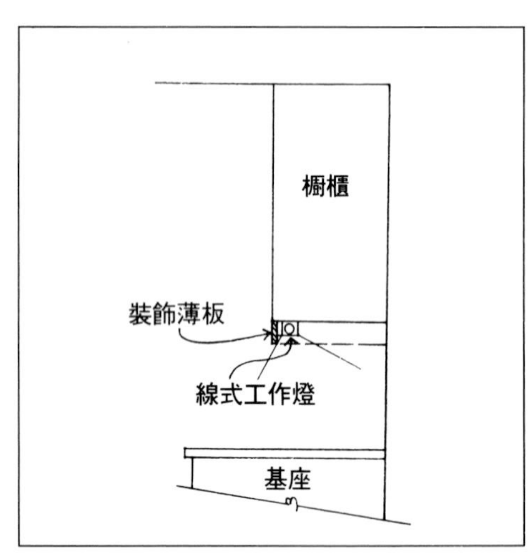

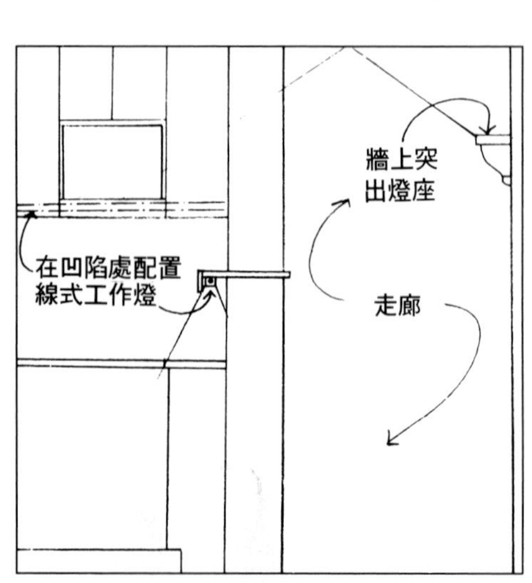

燈光設計：
Claudia Librett
室內設計：
Claudia Librett
攝影：
Durston Saylor
在廚房的這些小櫥櫃內緣配置了燈源創造了一道清爽明亮的燈光線。

燈光設計：
Greg Smith
室內設計：
Greg Smith
攝影：
Russell Abraham
迷你泛光燈嵌在抽風罩的內緣頂端讓流理台有如雕塑品般的質感，軌道燈延著牆緣配置，讓光線打到天花板上。

燈光設計：
Kenton Knapp 和 Robert Truax
室內設計：
Charles Falls
攝影：
Mary Nichols
利用燈光的配置讓這個廚房看起就像個未來的藝術迴廊般耀眼。

燈光設計：
Greg Smith
室內設計：
Willian Rend
攝影：
Russell Abraham
從窗外看進去，我們會看到一個乳白色的廚房。在這些櫥櫃凹處嵌有可調式燈源，使這些櫃子表面形成光錐的效果。軌道燈延著天花板配置，利用泛光燈來作爲工作燈。

燈光設計：
Masahiko Uchiyama
攝影：
Toshitaka Niwa
設計師Masahiko Uchiyama 設計了這個有趣的作品，將燈光與廚師的工具結合。

燈光設計：
Osburn Design
室內設計：
Osburn Design
攝影：
John Vaughan
閃爍的迷你泛光燈嵌在開放式櫥櫃的裡面，它們的燈光選擇性地打在這些廚具上。

燈光設計：
Osburn Design
室內設計：
Osburn Design
攝影：
Jonn Vaughan
迷你泛光燈併排地隱藏在屋頂的線腳中，爲廚房提供了太陽光般的照明效果。

燈光設計：
Becca Foster 和 Pam Morris
室內設計：
Paul Vincent Wiseman 和 Michael Harris
攝影：
John Martin
三盞傳統式的吊燈展現了柔和的拱形屋頂的特色。在爐子的上方有單獨的泛光燈源讓人們在無陰影的環境下工作。

燈光設計：
Jan Moyer
室內設計：
Karen Libby
攝影：
Mary Nichols
在天花板與大樑的褶縫中配置有間接燈源，讓大頭的質感更醒目，同時也營造溫暖的色調。球狀的軌道燈讓人能了解起居室的狀況。廚房上方有經過設計的傳統式懸吊燈，兼具了重點燈與工作燈的功能。

燈光設計：
Becca Foster
室內設計：
Mark Horton
攝影：
Sharon Risedorph
這個廚房的清爽色調來自螢光燈的色彩。有趣的桌燈讓這個流理台更出色，同時提供了一個有創意的工作環境。

燈光設計：
Randall Whitehead/
Catherine Ng
室內設計：
Chula Camp
攝影：
Darid Livingston
日光燈源沿著廚房上方內部安裝，擴充了這個地方的空間感，同時也能讓屋主看清楚櫃子裡面的東西。加上矮櫃的頂部有配置燈源，創造了一個無陰影的工作空間，餐櫃裡面的燈源會隨著打開櫥櫃而開啓。

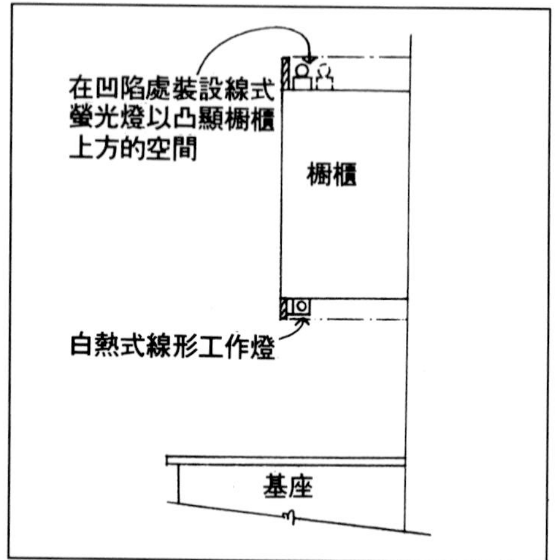

燈光設計：
Randall Whitehead/
Catherine Ng
室內設計：
Chula Camp
攝影：
David Livingston

這個開放式的廚房以及用餐區，由於有補導燈源的照射，使空間變得明亮爽快。重要的燈源是來自牆上的燈座和螢光燈的配置（在這個角度裡看不見）。另外調整式的燈源照亮了餐桌及藝術品。

1979
Southern Living ANNUAL RECIPES
1980
Southern Living ANNUAL RECIPES

燈光設計：
Jeffrey Werner
室內設計：
Jeffrey Werner 和 Julie Hoefler
攝影：
David Livingston
這個流理台被藝術品所環繞，兩者利用天花板階的設計來加以區分。可調式燈源的燈泡是用清爽的PAR燈泡。

燈光設計：
Becca Foster
室內設計：
Dianne Suganara
攝影：
John Martin
運用一些較耀眼的燈源配置，使這個廚房展現它的質感。白色光的可調式燈源降低室內的陰影，創造了室內明亮寬闊的感覺。爐子上方的煙囪表面將光線反射到工作台上。

燈光設計：
Randall Whitehead
室內設計：
Chula Camp
攝影：
Ben Janken
在火爐上方配置適當的燈源是必須的。這個燈叫作"果瓶燈"（jelly jars），這是因爲它的燈泡通常以瓶狀玻璃包住，透光性佳，同時也能避免危險。

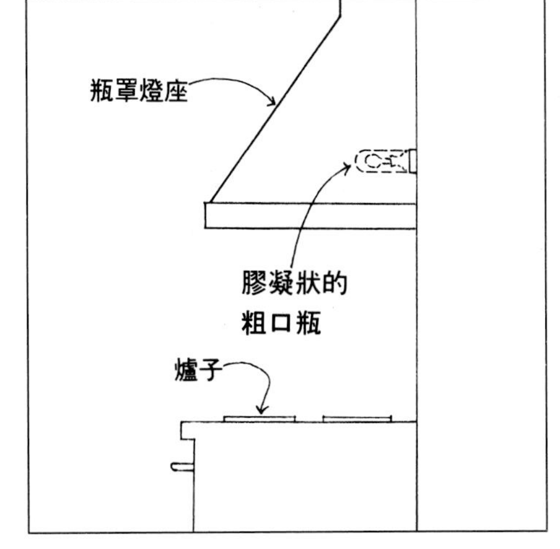

燈光設計：
Randall Whitehead 和
Catherine Ng
室內設計：
Chula Camp
攝影：
Ben Janken
這個法國鄉間的廚房保留了迷人的風情，它運用了一些較耀眼的燈光配置。調整式燈源從天花板凹處照射下來，使碗櫃上方受到折射的光線。陽光和室內燈源交錯創造了這個明亮溫馨的空間。

燈光設計：
Alfredo Zaparolli
室內設計：
Rosemary Wilton
攝影：
Alfredo Zaparolli
這個燈光配置良好的廚房並沒有搶到用餐空間的鋒頭。

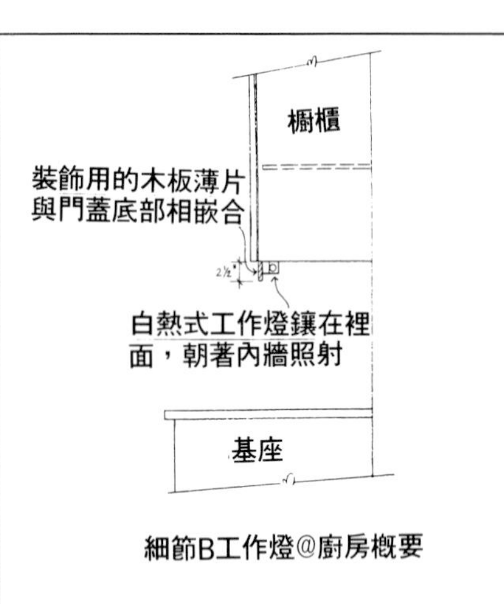

細節B工作燈@廚房概要

燈光設計：
Becca Foster
室內設計：
Dianne Sugahara
攝影：
John Martin
這幅夢幻般的壁畫，讓人流連於烹飪樂趣中。可調式燈源剛好打在壁畫的樹下，像是強調著愛神丘比特的辛苦工作。

燈光設計：
Patricia Borba McDonald 和 Marcia Moore
室內設計：
Patricia Borba McDONALD 和 Marcia Mooer
攝影：
Russell Abraham
在這個優雅的廚房中，重點燈打在光滑的深色木頭表面，讓它們散發著黃銅製品般的光澤。除了溫暖的感覺外還保留了古典氣質。

燈光設計：
Catherine Ng
室內設計：
Vicky Doubleday 和 Peter Gutkin
攝影：
(Alan Weintraub)
這裡的燈光配置讓這座夢幻般的玻璃櫃呈現出魔法般魅力。

燈光設計：
Catherine Ng
室內設計：
Vicky Doubleday 和 Peter Gutkin
攝影：
Alan Weintraub
太陽光般的色溫效果讓室內灰色及薰衣草色的裝璜有偏黃的色彩出現。

燈光設計：
Randall Whitehead 和 Catherine Ng
室內設計：
Vicky Doubleday 和 Peter Gutkin
攝影：
Alan Weintraub
隱藏在櫃子下方的燈源提供了流理台無陰影的工作環境。

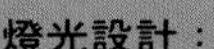

燈光設計：
Alfredo Zaparolli
攝影：
Alfredo Zaparolli
在玻璃櫥櫃中配置了燈源讓餐盤顯得明亮潔淨。櫥櫃下方安裝了燈源照射著黑色花崗石流理台，並使它沒有刺眼的反射光線。

臥室：擁有穩私的個人空間

臥室：擁有隱私的個人空間

臥室是住宅中的個人空間，當休息時就可以有個不被打擾的隱私空間。父母在這兒可以免受孩子的吵鬧，女孩和朋友閒聊時，也可隔離兄弟們的打擾，一處安排著每天開始與結束的私人空間。

就是這樣

就一般傳統的設計而言，會在天花板正中央配置燈源，以及放置一對閱讀燈源。但現在有許多改良式的設計。

傳統的設計通常是配置白色的玻璃〝枕〞燈，它的耀眼光芒讓房內其他飾物都黯然失色。

可以在天花板下方懸掛不透明的燈源來代替傳統的〝枕〞燈，這樣就能改良這個缺點，另外它還可以讓光線直接照射到天花板，反射下來的光線會非常柔和。

工作燈是必須的

臥室另一個需要關心的燈光問題是閱讀燈源的配置。放置閱讀燈最適合的地方是在頭部和工作台之間。這樣可以減低陰影及反射光。最好燈臂是可彎曲式的，隨時可以調整到適當位置。

壁廚的燈光也很重要。在太耀眼的燈光下，布料的色澤會改變，紅色變成橘色，藍色變綠，而白色看起來就像米黃色。在這種情況下難區分海軍藍和黑色，白色和米黃色也看不太來有什麼不同。你一定有過類似的經驗，當你走出房子，才發現衣服的色彩好像不作麼搭配。如果配置螢光燈源，就能產生日光般的效果，色影也比較不會起變化。

燈光設計：
Kenton Knapp
室內設計：
Charles Falls 和 Kenton Knapp
攝影：
Patrick Barta
隱藏式的燈源配置讓這間臥室令人著迷。

燈光設計：
Susan Huey
室內設計：
Laura Seccombe
攝影：
Douglas Salin
鈷藍色燈源爲這尊狂野的雕像創造了夢幻般的氣氛。天花板上有軌道燈系統當作房內的重點燈源，而角落處有一盞火炬式的燈架是基本的補充燈源。

燈光設計：
Marcia Cox
室內設計：
Marcia Cox
攝影：
Russell Abraham
屏風的逆光效果爲臥室創造了一個溫暖的角落。

強烈的重點燈應該配置在這裡嗎？

重點燈在臥室裡是沒那麼重要的。這是一個私人的空間，而不是招待娛樂的地方。

但仍有一些是你想在私人空間裡感受的藝術品會放置在這兒。可調式燈源就可以提供焦點的照明效果。

臥室是個人最隱密的空間，這是一個不容侵犯的神聖區域，它應該有溫暖舒適的感覺。燈光可以扮演一個非常重要的角色。

燈光設計：
Patricia Borba McDonald 和 Marcia Moore
室內設計：
Patricia Borba McDonald 和 Marcia Moore
攝影：
Russell Abraham
一道彎曲的氖燈管爲這間繽紛的青少年房增添了趣味感。

燈光設計：
Linda Ferry
室內設計：
Carolyn Hardy
攝影：
Douglas Salin
這間華麗的臥房受到窗外樹葉光陰的折射。整個桂木窗戶看起來就像個色彩鮮艷的大螢幕，床後的屏風也有相同的效果。

燈光設計：
Don Maxcy
室內設計：
Don Maxcy
攝影：
Russell Abranam

天花板四周配置了一些間接照射的燈源，讓室內的氣氛更好。鑲在床頭的工作燈提供了明亮而不刺眼的良好閱讀環境。

燈光設計：
Kenton Knapp 和 Robert Truax
室內設計：
Charles Falls
攝影：
Mary Nichols
一塊巨大的礦石在咖啡桌中心閃耀著光輝。

燈光設計：
Randall Whitehead 和 Catherine Ng
室內設計：
Christian Wright 和 Gerald Simpkins
攝影：
Ben Janken
玻璃磚牆讓光線自由進出每個房間，同時有助於爲室內引進自然光線。懸掛在牆上的燈座將光線往上下照射。

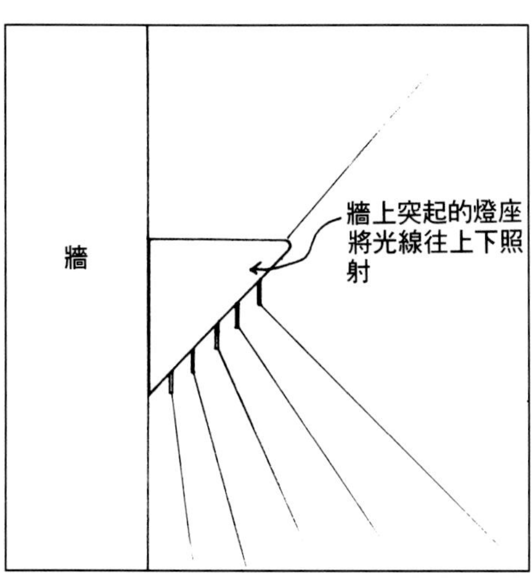

燈光設計：
Pam Pennington
室內設計：
Pam Pennington
攝影：
Russell Abraham

這是一處低預算高享受的設計，除了兩盞有品味的工作燈外，天花板處還有幾盞夾在木條上的低瓦數燈源，紅色聚光燈在棉被上造成紅色光暈。

燈光設計：
Robert Truax 和 Kenton Kpapp
室內設計：
Charles Falls
攝影：
Eric Zepeda
在這昌閣樓臥房裡，利用可調整式燈源創造了戲劇化的效果。

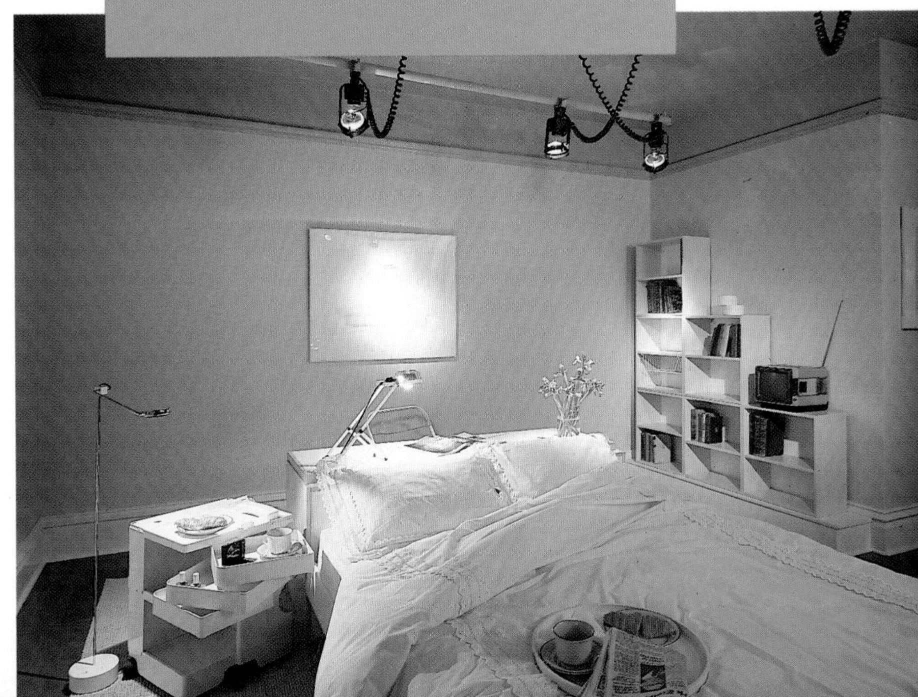

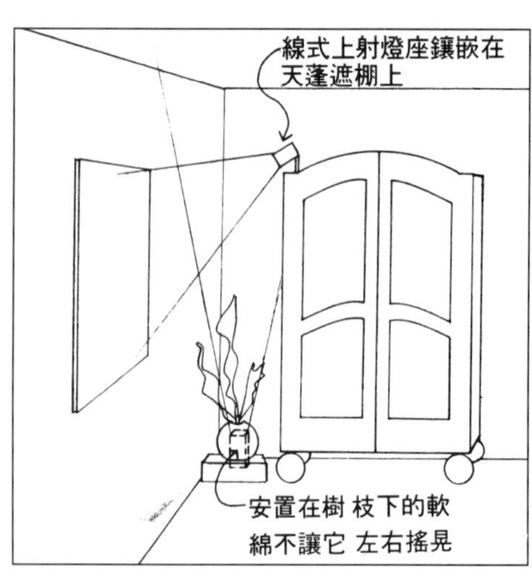

燈光設計：
Randall Whitehead
室內設計：
Lilley YEE
攝影：
Russell Abraham
從床上的天蓬處看出去，室內顯得精緻可愛。藝術品的放置及逆光式的燈光效果營造了溫暖的感覺。設計師細心地在高處配置了燈源展現了優雅的室內空間氣氛。

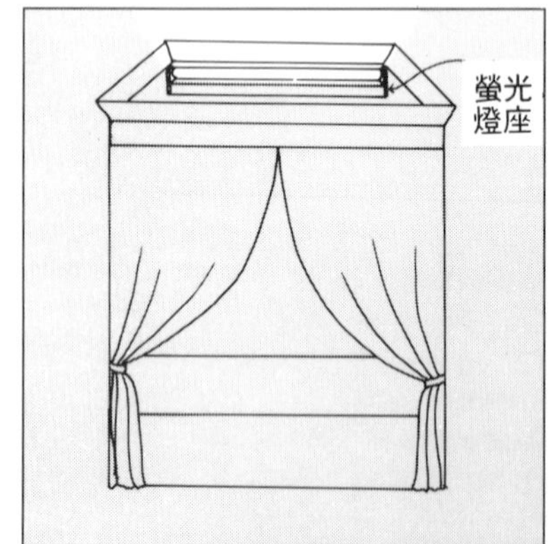

燈光設計：
Randall Whitehead
室內設計：
Lilley Yee
攝影：
Russell Abraham
這個優雅的天蓬氣床讓人充滿驚奇。巧妙隱藏的燈源將光線灑在天花板上。一尊盞甲武士受到逆光燈源及別的光線照射，形式這個房間的特色，遠處的丘比特雕塑也有燈源強調著。

燈光設計：
Michael Spuiter
室內設計：
Barbara Jacobs
攝影：
Russell Abraham
這間臥室天花板中央有盞可調式燈源，它們提供了房間內所有物品的重點燈源。

燈光設計：
Cynthia Bolton Karasik 和 James Benya
室內設計：
Colleen Roger 和 Don Simons
攝影：
James Benya
逆光加上前光的效果，使房間內這扇格狀屏風增添了結構上的趣味性。

燈光設計：
James Benya
室內設計：
Sharon Marston
攝影：
James Benya
在這間非常舒適的主臥房裡，兩盞桌燈不僅提供工作燈源，也讓室內有柔和的補充光線。

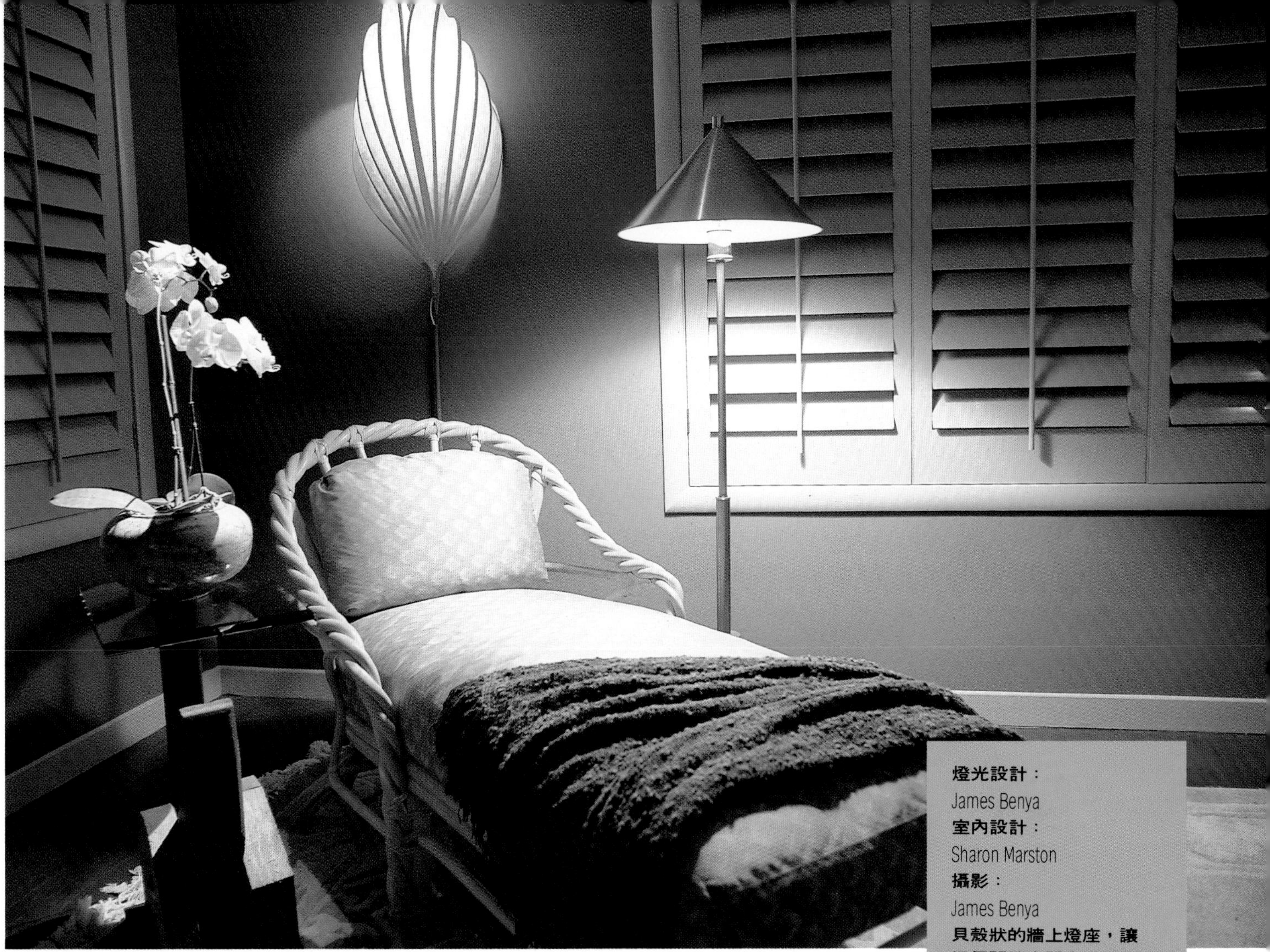

燈光設計：
James Benya
室內設計：
Sharon Marston
攝影：
James Benya
貝殼狀的牆上燈座，讓這個閱讀空間充滿視覺上的趣味感。

燈光設計：
Cynthia Boton Karasik 和 James Benya
室內設計：
Gary Hutton
攝影：
James Benya
在天花板的斜角處配置了下射式燈源，強調著石壁的特色。

浴室：功能及享受

浴室：功能及享受

就是這樣

在浴室配置良好的燈光是非常重要的。通常人們感到不舒適的原因都是來自工作燈的配置。你一定有在強光下看不清楚圖片的經驗吧？它會讓圖片反光，你就好像站在鏡子前一樣，刺眼的光線讓你的眼睛不舒服。還記得小時候常拿著手電筒照自己下巴的情形嗎？燈光

配置的不適當會使類似情況不斷重演。

鏡子旁的燈光

另一種典型的配置法是將一盞燈直接鑲嵌在鏡子表面上。這是爲了要有更好的照明，但如果配置兩盞燈源，將它們鑲在凹陷處，這樣光線會比較平均，因爲它有交錯的燈光效果也不容易打在鏡子上，造成反光。

就這種交錯配置的燈光可以讓劇院中的男女主角輕鬆地上妝或刮鬍子。通常這是兩盞露出燈泡的磁座燈，這是二十年前從超級市場流行起來的產物，有個名稱叫做〝燈吧〞(light bars)。很快地，到處都充滿了這種〝燈吧〞。常有人在鏡子前裝三盞〝燈吧〞，兩邊各一盞，鏡子上方還有一盞。事實上，這第三盞〝燈吧〞是多餘的。

燈光設計：
Kenton Kuapp 和 Truax
室內設計：
Charles Falls
攝影：
Mary Nichols
可調式燈源賦予這間華麗的主臥房生命力。

燈光設計：
Ruth Soforenko
室內設計：
Ruth Soforenko
攝影：
Ron Starr
在這間設計傑出的浴室中，埃及式的牆上燈座和燭光燈營造著室內的氣氛。

燈光設計：
Randall Whitehead/ Catherine Gg
室內設計：
Gary Hutton
攝影：
Ben Janken

這間比例不尋常的浴室（7呎寬、15呎長，還有15英呎高的天花板）有個人性化的設計，就是在8呎高的牆上安裝石膏製的突出燈座，這些燈源同時也創造了室內平靜的光輝感。

燈光設計：
Donald Maxcy
室內設計：
Donald Maxcy
攝影：
Russell Abraham
垂直鑲嵌的燈泡使浴室充滿光輝的感覺，同時提供了無影陰的完美工作環境。

建築上的整合

最新的趨勢是在與眼睛同高的牆上凹處，配置二盞交錯式燈源。它們只有少許的光線會反射到鏡子中，或者光線會沈沒在牆上。有許多新穎設計的歐美燈飾，它們有完美的造形與功能。像琥珀般的玻璃燈、雪花石燈等，以及許多其他材質的燈源。要避免屋主不會在浴室裡被電到，就要在容易有水的地方配置斷電器(GFI)

許多屋主都喜歡打開下射式燈源，這樣容易讓臉部下方處在陰影中，如果將燈光反轉不要直接從頭頂打下來，就能改正這個缺點。這樣我們從頭到腳都有交錯的光線圍繞著。如果可能的話，儘量讓垂直的直立式燈座開著，以產生交錯光線的效果。

沐浴處的燈光

雖然工作區的燈光配置很重要，但其他地方也馬虎不得。浴缸處須要一種溫和的亮度，可調式燈源通常可以營造這種效果。有個缺點就是浴室空間較小，而可調式燈源多為下射式，可能在天花板線下面2英呎處才會有光線，在視覺上會有不舒服的感覺。

如果採用上射式燈源配置，對那些不喜歡耀眼光線者而言是比較好的設計。在這種燈光下沐浴時浴盆會顯得微暗些，這種配置法降低了亮度，也可以使用較強烈的燈泡要確定所有的燈源，在潮溼的環境中都很安全，也要確定這些燈源附近都有斷電器。

燈光設計：
Jan Moyer
攝影：
Douglas Salin
傳統的螢光燈源爲這間臥室創造了一個綠意盎然的明亮空間。

燈光設計：
Tom Skradski
室內設計：
Jane Starr
攝影：
Muffy Kibbey
天花板懸吊的藝術燈架吸引了人們的目光，可調式燈源則讓這間浴室的裝璜更突出。

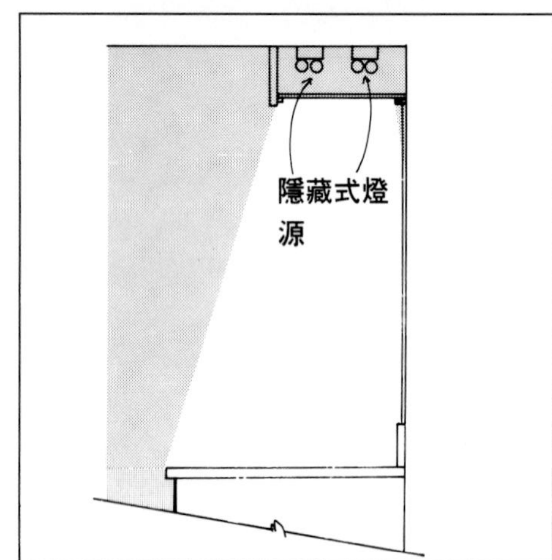

螢光燈

選擇螢光燈是很重要的。住宅內不能配置太多螢光燈，因爲它的強度大概有白熱式燈泡的三倍。在加州，24號螢光燈通常使用在新的建築或重新裝璜的浴室裡（和廚房）。

可喜的是，現在有許多螢光燈的色調都能讓膚色看起來更美。現在的廠商都很重視螢光燈的色調問題。比較新的產品，像PL燈(PL lamp)。十三瓦的燈泡，不只有完美的色彩表現，同時和六十瓦的白熱燈泡有相同的亮度。現在有很多的配置，甚至是用十三瓦螢光燈管來代替一百二十瓦白熱式燈泡。其實，應該用二十六瓦的燈泡會比較好。這是因爲PL燈的有效色溫很接近白熱式燈泡。這兩種燈源都很適合配置在浴室裡，它不會產生不舒服的光線。

早期的PL燈有兩項缺點，第一是會有輕微的怪味產生，第二是無法快速開啓，打開燈源時大概會閃爍二、三秒。現在已經解決了這兩方面的問題。

特別優雅的燈光

間接式燈源讓浴室有溫和的光輝。上射式的牆上燈座或燈罩，直接打在天花板線上，提供了包圍燈的效果。這八種燈源是使用小白熱式燈泡，PL燈或比較長的螢光燈管，不僅會限制到空間的延伸性，還會使浴室較暗，較不舒服。

燈光設計：
Linda Ferry
室內設計：
John Schneider
攝影：
Gil Edelstein
可調式燈源爲這間花崗石的浴室創造了戲劇化的燈光效果。

燈光設計：
Kenton Knapp
室內設計：
Charles Falls 和 Kenton Knapp
攝影：
Eric Zepeda
工作燈和重點燈源讓這間華麗的主臥房浴室充滿閃爍的光輝，緊密的牆上燈架補充了室內的光線，同時降低了人們臉上的陰影。
環繞著鏡子的化妝燈提供了均等的亮度。可調式重點燈打在棕櫚樹上，給予它們陽光般的照明。

燈光設計：
Catherine Ng 和 Randall Whitehead
室內設計：
Vicky Doubleday 和 Peter Gutkin
攝影：
Alan Weintraub
懸吊式的燈架使用清爽有力的燈管，透過玻璃圓盤提供了室內的補充燈源。垂直架設的泛光燈投射在化妝台上創造了一個明亮無陰影的環境。

ESTÉE

燈光設計：
Randall Whiteheas
室內設計：
Sarah Lee Roberts
攝影：
Ben Janken
美麗的垂直鑲嵌燈源，溶入了這間浴室的建築裝璜中。

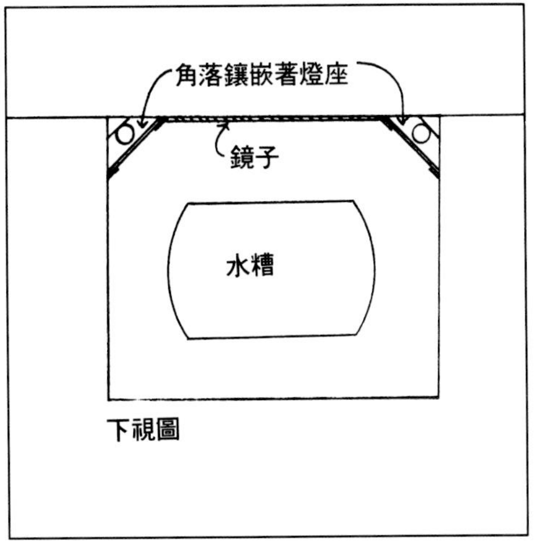

燈光設計：
Randall Whitehead 和 Catherine Ng
室內設計：
Gary Hutton
攝影：
Ben Janken
垂直的燈光鑲嵌在鏡子兩邊，為化妝或刮鬍子時提供良好的照明。可調式燈源配置在角落處，它們會受到鏡子的折射，有些燈源使用了桃色螢光燈泡，使膚色看起來很美，這種燈光較暗些，所以當燈光轉換時不會有突出的感覺。

燈光設計：
Rondall Whitehead 和 Catherine Ng
室內設計：
Linda Bradshaw-Allen
攝影：
Ben Janken
鑲嵌在鏡子上的突出燈座讓這間樸素的浴室看起來比較大些。

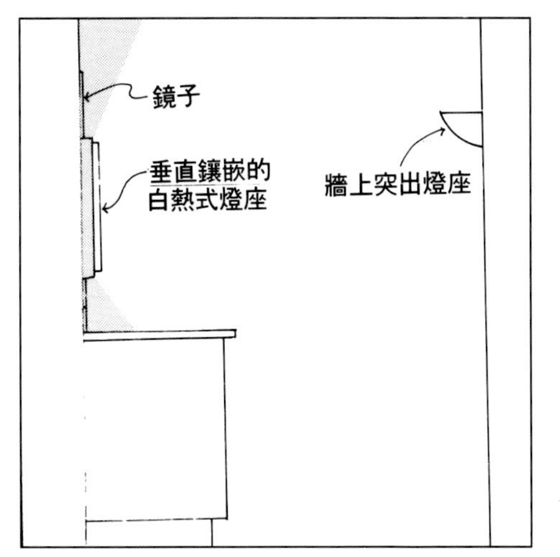

燈光設計：
Randall Whitehead 和 Catherine Ng
室內設計：
Christian Wright 和 Gerald Sinpkins
攝影：
Ben Janken

浴室常是使人煥然一新的地方，所以鏡子旁的明亮就顯得非常重要。臥室的火炬式燈架讓室內充滿愉快的明亮感，牆上的燈座（從這個角度看不到）補充了室內的亮度。

燈光設計：
Jim Gillam
室內設計：
Maria Fisher
攝影：
Darid Livingston
可調式燈源營造了室內的氣氛，同時讓兩個玻璃製的水槽散發出幽雅的光輝。

燈光設計：
Linda Ferry
室內設計：
John Schneider
攝影：
Gil Edelstein
垂直的螢光燈源提供了使用者一個潔淨、光線交錯的空間。

燈光設計：
Jim Gillam
室內設計：
Maria Fisher
攝影：
Darid Livingston
這張局部的特寫讓玻璃面展現了雕塑般的質感，也讓人了解到燈光是如何加強它的特色。

燈光設計：
Kenton Knapp
室內設計：
Charles Falls 和 Kenton Knapp
攝影：
Patrick Barta
單獨配置的可調式燈光爲這些印地安人像帶來戲劇化的趣味。

燈光設計：
Sherry Scott
室內設計：
Sherry Scott
攝影：
Michael L. Krasnobrod
溫暖的包圍燈源來自牆上的燈座，它將光線打在天花板上，延伸了這間小巧但設計良好的浴室空間。

燈光設計：
Sherry Scott
室內設計：
Sherry Scott
攝影：
Michael L. Krasnobrod
這間浴室特別採取兩個人可同時使用的空間設計。鏡子兩旁的垂直燈可以讓人們臉上沒有陰影，方便化妝或刮鬍子。

室外空間：延伸了室內空間的視野

室外空間：延伸了室內空間的視野

雖然園藝設計師和專業設備都有增加，但直到最近，才有一些屋主將錢花在室外空間的設計。

現在，他們了解到，佈置室外空間，可以延伸室內空間的視野。現在有很多的園藝景觀傑作，人們喜歡讓室外空間日、夜都很迷人，然後享受在其中。

就是這樣

當我們長大後，室外的燈源通常一固定的模式前會有一盞燈源，車道旁會有柱燈。後來，發現涼亭如果配置良好的燈源，從玄關望去會有燈池的效果，很美。

遺憾的是，這種配置並不普遍。另外，在亭子配置低瓦數燈源的話，整個庭院的細節都能看得很清楚。現在的園藝設計師都沒有很新的觀念。在一些比較新的園藝設計裡，都會結合燈光，爲庭院創造一個夢幻般的氣氛。

燈光設計：
Linda Ferry
室內設計：
Dick Schadt
攝影：
Douglas Salin
在樹叢中配置良好的燈源創造了優美的陰影效果。

燈光設計：
James Benya 和 Cythia Bolton Karasik
攝影：
Chas McGrath
設計師配置了很多個間接燈源，讓這間摩登現代化住宅充滿活力。

燈光設計：
Aifvedo Zaparolli
攝影：
Alfredo Zaparolli
在台階旁的燈源爲裡面的地板帶來耀眼的光輝。

燈光設計：
Linda Ferry
室內設計：
John Schneider
攝影：
Douglas Salin
這尊顯眼的藝術作品站立在黑暗中，在它後方的樹下，有上射式的燈源將它們離黑暗。盾形的燈源安裝房子外牆上，爲這條小路帶來繽紛的色彩。

採光

最令人興奮的燈具之一是月光燈，它通常配置在樹林間。當它的光線穿過較矮的樹枝時，會將光斑投射在花園中小路上，就像是月光的效果一樣。

其他像上射式、側射式燈具都會讓樹木像雕刻一樣美。最完美的室外燈光設計，要能有延伸室內空間的功能。

如果室外只有少數，或甚至沒有燈源配置，那麼住家的窗戶就會變成黑色的鏡面。人們只能看到自己，看不到窗外的景緻。

藉著室內、室外光線的平衡，窗戶就會有開放空間的效果，人們也能看到美麗的庭院。

家俱、眺望台和圍籬會成爲〝開放式空間〞，能夠在這兒享受一些娛樂活動。

燈光設計：
Alfredo Zaparolli
攝影：
Alfredo Zaparilli
可調式燈光讓這扇門成爲焦點，而上射式燈源強調著棕櫚樹的特色。

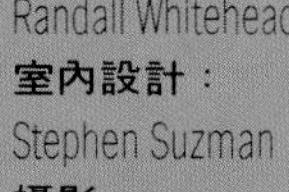

燈光設計：
Randall Whitehead
室內設計：
Stephen Suzman
攝影：
Ben Janken

在白天的時候，這個小花園的格子狀柵欄受到陽光照射，而獅頭小噴泉池則在陰影中。到了夜晚，則由懸掛在樹枝上的燈源來強調柵欄和噴泉。在花叢間有蕈狀燈源，以逆光效果打在這些優雅的花草樹葉上。

燈光設計：
Becca Foster
室內設計：
Mark Hilton
攝影：
Sharon Risedorph

一般而言，經過單獨設計的燈源可以大大地改變空間效果。這個小院子的整體照明是來自樹枝上懸掛著的燈源，這盞燈源直接打在餵食架上，看起來就像個雕刻品般的精緻。

燈光設計：
Michael Souter
室內設計：
Ruth Soforenko
攝影：
Russell Abraham

帳蓬傘中的燈源加強了這裡的歡樂氣氛，看起來像隨時可舉行一場宴會一樣。紅色濾光燈讓盆中的水變成雞尾酒般的色澤。

燈光設計：
Jeffrey Werner
室內設計：
Jeffrey Werner
攝影：
David Livingston

銀白色光源打在常人大小的雕像上，水中的燈源讓水流就像光柱一般耀眼。

燈光設計：
Jeffrey Werner
室內設計：
Jeffrey Werner
攝影：
David Livingston
這幅人像特寫讓人看清楚在燈光下人像細部所呈現的光影效果。

燈光設計：
Jeffrey Werner
攝影：
David Livingston
燈源隱藏在樹林間，將樹葉的光斑投射在小路上，而坐椅區有上射式光源讓人注意到桌側別具風味的浮雕。

燈光設計：
Randall Whitehead
室內設計：
Quin Ellis
攝影：
Stephen Fridge
這兩幅日夜對照的照片，說明了燈光是如何引道客人進入屋子的。在白天的這張照片中，表面上是看不到燈源的配置。

燈光設計：
Jan Moyer
室內設計：
Valerie Matzger
攝影：
Kenneth Rice
這個範圍很大的庭院，主要營造氣氛的光線是來自紅木樹下的上射燈光。小路上有燈光在地面造成燈池的效果，這光線不很亮，比較不會引人注意。在門前有細心安排的燈源，造成台階附近的陰影效果，和窗內明亮的氣氛形成對比。

燈光設計：
Kenton Knapp
室內設計：
Charles Falls 和 Kenton Knapp
攝影：
Eric Zepeda
訪客很容易被引領到明亮的玄關以及鄰接的起居室中。高處的調整式燈源強調著藝術品及棕欄樹，而桌上的桌燈只有裝飾性的效果。

燈光設計：
Ross De Alessi
室內設計：
Michael Helm
攝影：
Douglas Salin
均等的光線配置讓室內、室外的空間融合在一起，當然延伸了室內的空間。

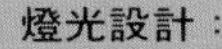

燈光設計：
Donald Maxcy
室內設計：
Harold Broderick
攝影：
Russell Abraham
安裝在屋頂線底部的燈源打在圓柱上，像正在守護著座椅休息區一樣。

燈光設計：
Cloaudia Librett
室內設計：
Claudia Librett
攝影：
Durston Saylor
燈源配置在樹下及樹叢間，爲這一現代化的住宅提供了清爽、耀眼的庭院氣氛。

燈光設計：
David Story
攝影：
David Story
在樹叢間安裝眞空的水銀燈(mercuvy vapor)創造了月光效果。它呈現了樹木高貴的質感，同時也延伸了室外的空間。

燈光設計：
Hal LeJeune
攝影：
Steve Whittaker
這是一處爽又酷的室外設計，設計師在樹下裝置了眞空水銀燈源加強這裡的氣氛。圖片左方有石階引導人們走進住宅，這些石階有盾形燈加以照明，讓屋主及客人能夠安全地到達水池旁。從這個角度望去，屋子散發著琥珀色的光輝。

燈光設計：
Christopher Thompson
室內設計：
Authur Erickson
攝影：
Dick Busher
這間房子採取微亮的燈源配置法，藍玉色天空和溫暖的木屋表面形成對比。室外配置良好的燈源呈現了圓柱和天花板的建築細部。

燈光設計：
Randdall Whitehead
攝影：
Randall Whitehead
這間屋子的入口有一個神秘花園，它是由於配置的燈源直接打在某點上，造成其他地方陰暗的感覺。

燈光設計：
Jan Moyer
攝影：
Douglas Salin
在室外樹叢間配置良好的燈源，使它們成爲整個燈光設計的一部份。

燈光設計：
Randall Whitehead
室內設計：
Quin Ellis
攝影：
Stephen Fridge

三盞強而有力的燈光改變了黃昏及夜晚的氣氛，上射式燈源提供了橡樹的焦點照明，蕈狀燈座引導著人們走到門前。

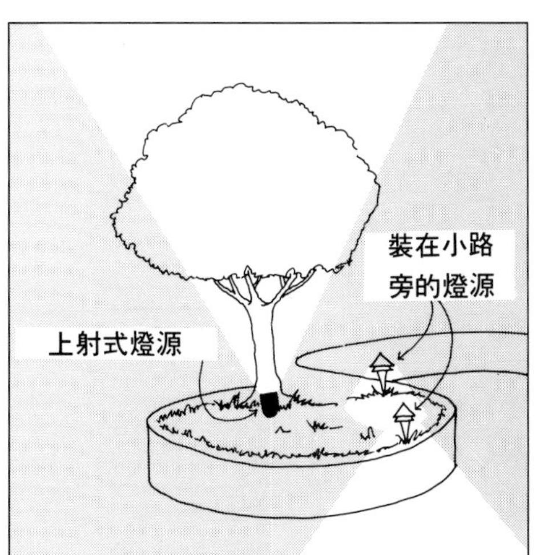

燈光設計：
Hal LeJeune
攝影：
Hal LeJeune
由於燈光色彩的感覺，人們很容易就被引領到涼亭中。樹叢受到上射式的水銀燈照射著，這種燈的壽命很長。昆蟲會被引領到藍白色的燈光處，所以休息區可以免受蚊蟲騷擾。

燈光設計：
Hal LeJeune
攝影：
Hal LeJeune
配置在石柱下的上射燈源使這座石頭拱廊特別耀眼。而遠方的樹叢間也配置了水銀燈源。

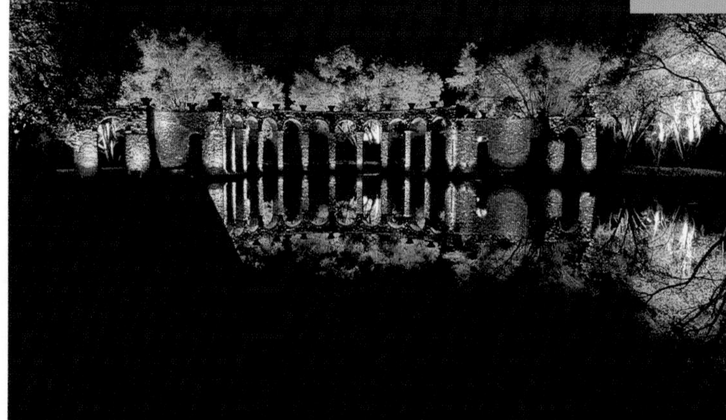

燈光設計：
Hal LeJaune
攝影：
Hal LeJeune
經過設計的上射式燈源，讓這些樹木有遠近的空間感。

燈光設計：
Susan Huey
攝影：
Douglas Salin

在各種不同的燈源配置下，創造了一個夢幻般的室外空間。迷你泛光燈形成一道溫暖的光輝，在黃昏時顯得特別迷人，另外還有低瓦數的燈源打在樹林及石雕上。

燈光設計：
Randall Whitenead
室內設計：
Golden Eagle Landscaping
攝影：
Ben Janken
通常最生動的效果是以最少的燈源配置完成的。這個充滿活力的花園位在舊金山，只利用了兩盞燈源就創造出如此美的效果，一盞具方向性的子彈形燈座（bullet-Shaped luminaire）配置在絲蘭左邊，這盞燈光穿越了草木點亮了泥灰外牆。在屏風裡面配置了一盞大燈，利用紙窗造成逆光效果，將界於燈源和屏風中的香蕉葉陰影打在紙窗上。

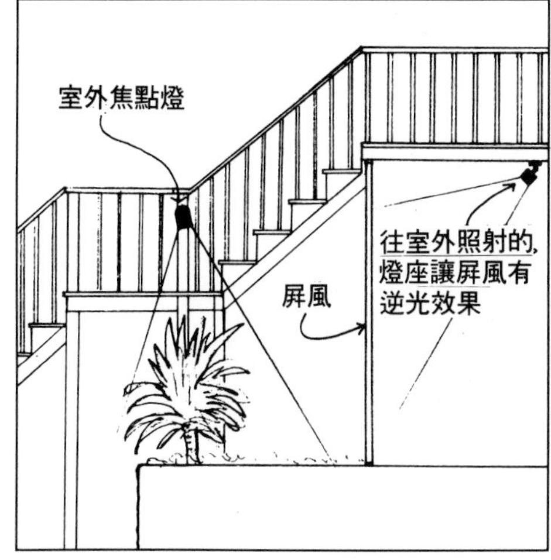

燈光設計：
Christopher Thompson
室內設計：
Wendell Lovett
攝影：
David Story
這間醒目的後現代化住宅，配置了薰衣草色的燈光。在夜晚時，看起來就像一座透明光亮的雕塑品一樣。

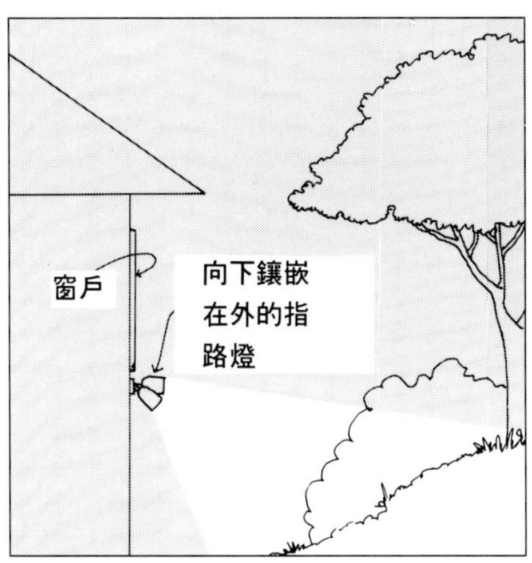

燈光設計：
Susan Huey
攝影：
Douglas Salin
在這裡看不到隱藏得很好的燈源。青銅雕塑像正在爲人指點方向，而光影讓小路充滿了趣味。

燈光設計：
Randall Whitehead
攝影：
Randall Whitehead
光影效果增加了這座舊金山小小花園的神秘感。

燈光設計：
Jan Moyer
攝影：
Ken Rice
這座充滿活力的玫瑰涼亭，像正在對著訪客打招呼一樣，小型的低瓦數燈源配置在植物的底部，同時也強調了涼亭的曲線。

燈光設計：
Jeffrey Werner
室內設計：
Jeffrey Werner
攝影：
David Livingston
光線在日夜間變化著，這棟住宅的戲劇台來自逆光燈源的配置，而室外的牆上燈座將光線往上下投射，延著四周的長廊彷彿鑄造了一道光牆。

燈光設計：
Randall Whitenead
室內設計：
Stephen Suzman
攝影：
Ben Jnken

這個小院子到了夜晚就會轉變成夢幻般的色彩。深藍色燈源配置在房屋的外牆上，造成這個很酷的陰影效果。在樹叢間還裝置了溫暖的彩色燈源，和藍色的世界形成有趣的對比，同時也延伸了空間感。

燈光設計：
Jeffrey Werner
攝影：
David Livingston
日光燈源照射在格子狀的小路上，設計師不僅爲這裡添加了神秘氣氛還有安全感。一盞巧妙隱藏的燈源從上往下照射，形成了小路上的光斑。

室內設計：
Jeffrey Werner
攝影：
David Livingston
這個壯觀的花園，對訪客及探險者而言是一處完美的室外空間。

燈光設計：
Jeffrey Werner
室內設計：
Jeffrey Werner
攝影：
David Livingston
除了有水池外，這裡幾乎就像待在室內一樣，壁爐和火炬式燈架是造成這個幻覺的主因。

燈光設計：
Jan Moyer
攝影：
Ken Rice

這張遠眺式的圖片，讓我們了解到，經過設計的燈光配置，可以改變整個庭院的氣氛，它引導著訪客儘情享受或來一次探險。

燈光設計：
Jan Moyer
攝影：
Douglas Salin
這道小瀑布是由於配置了小的低瓦數燈源才會被人發現，它同時也點亮了部份花草及石頭，其他的植物則隱沒在黑夜中。

燈光設計：
Kenton Knapp
室內設計：
Charles Falls 和 Kenton Knapp
攝影：
Patrick Barta
從外面望進去這個玄關，可以看到可調式燈源正強調著圖騰的美。

燈光設計：
Randall Whitehead
室內設計：
Muriel Hebert
攝影：
Randall Whitehead

這座雕像般的燈籠照亮了小屋。事實上，桌上和圓形水池的光線是來自低瓦數軌道燈，它配置在屋樑間，就像月光灑進屋內一樣。

燈光設計：
Jeffrey Werner
攝影：
David Livingston

人們的眼光會很自然地被引導到窗外陽台的花瓶上，它也不會搶到都市夜景的峰頭。前景和中景都有明亮的光輝感，它的光線是來向單獨配置的燈源及強烈的立燈。

燈光設計：
David Story
室內設計：
Robert Chittock
攝影：
David Stovy
這個花園的角落有非常親切的感覺。低瓦數的燈籠引導人們坐下來休息一下，而樹叢中有上射式的燈源，讓人覺得很清爽。

燈光設計：
David Story
室內設計：
Robert Chittock
攝影：
David Story
樹叢間的上射燈源，讓樹看起來就像雕像一樣，它們就像守護著玄關的武士一樣，而燈籠則引導著客人進入前門。

開放式住家設計：新趨勢

燈光設計：
Randall Whitehead/ Catherine Ng
室內設計：
Christian Wrigh/Gerald Simpkins
攝影：
Ben Janken
清爽潔淨的補充燈光，讓人們的視野從玄關、廚房到飯廳。這種形式的燈光配置是要讓人有身處於開放空間的感覺。

開放式住家設計：新趨勢

建築界有一個大改變就是，如何設計〝開放式空間〞。每一個房間不再是單獨的單元，許多牆面都很低，我們可以從廚房看到休閒區和客廳。

人們在每個地區流動著，常常會聚在一起。客人也很容易就和主人打成一片。

開放式空間，也讓父母照顧小孩比較方便，不必在每個房裡跑來跑去，就能控制整個情況。

燈光流動性

當人們在每個房裡進出時，燈光的協調性就變得很重要，如果牆上燈座被選來當作間接燈源，那麼每個房裡都應該有類似的設計。如果是利用調整式燈源當作重點燈的話，那鄰房的軌道燈也是必須的（除非它也有一樣明亮的天花板線）。

最重要的觀念是，燈光設計要跟著建築物的流動線走。

燈光設計：
Linda Ferry
室內設計：
Tony Carrasco 和 Gveg Warner
攝影：
Russell Abraham
三盞玻璃製的吊飾燈，創造了飯桌光輝交錯的燈效。

燈光設計：
Catherine Ng 和 Randall Whitehead
室內設計：
Vicky Doubleday 和 Peter Gutkin
攝影：
Alan Weintraub
在這間主臥房浴室中，迪肯式的泛光燈裝置在鏡子旁。

燈光設計：
Chrstopher Thompson
室內設計：
Goorge Suyama
攝影：
Drvid Story
可調式燈源照在鐵盤中，形成特殊的光芒。

燈光設計：
Edward J. Cansino
室內設計：
Christ Surunis 和 Audrey Goodfrey
攝影：
Fred Mikie
鏡子上方配置了雪花石般型燈座，讓浴室充滿溫暖的感覺，也提供了光線。

燈光設計：
Catherine Ng 和 Randall Wnitehead
室內設計：
Vicky Doubleday 和 Peter Gutkin
攝影：
Alan Weintraub
一盞強烈的懸吊燈爲整個主臥房浴室提供了主要的照明。

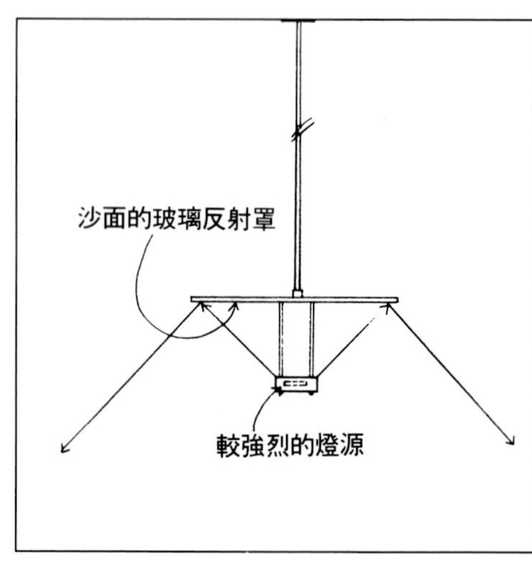

燈光設計：
Christopher Thompson
室內設計：
George Suyama
攝影：
David Story
這個眺望無阻的玄關將訪客的目光帶往窗外的景緻。

燈光設計：
Christopher Thompson
室內設計：
George Suyama
攝影：
David Story
玻璃雕塑品將光線反射到它的後方，形成趣味性的效果。

燈光設計：
Christopher Thompson
室內設計：
George Suyama
攝影：
Darvid Story
這種開放式的空間設計讓光線從起居室打到飯廳，及飯廳後的空間。

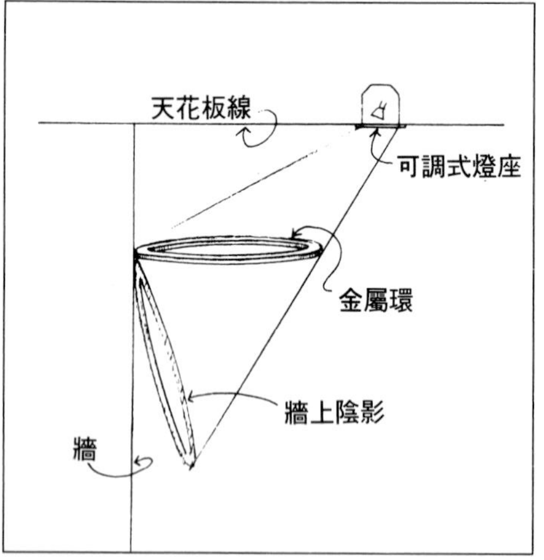

燈光設計：
Catherine Ng 和 Randall Whitehead
室內設計：
Vicky Doubleday 和 Peter Gutkin
攝影：
Alan Weintraub
這個廚房和娛樂休息區設計在一起。可調式燈源將圓形雕塑的光影打在牆上，由於這些圓形藝品與地面平行，所以造成趣味性陰影效果，另外牆上突起的燈座也傳達了開放空間的氣氛。

燈光設計：
Linda Ferry
室內設計：
Carolyn Hardy
攝影：
Douglas Salin
低瓦數燈源對起居室的各種擺飾品提供了很好的焦點燈源，而飯廳所配置的燈源也讓每件飾物有某種程度的重點效果。

燈光設計：
David Story
室內設計：
Ken Mckinnon
攝影：
David Story
燈源隱藏在透明的樹脂罩中，充分顯露了藝品的特色。

燈光設計：
Linda Ferry
室內設計：
Tony Carrasco 和 Greg Warner
攝影：
Russell Abraham
室內完美的補充燈源從法式落地窗及上方的格子窗揮灑出來，帶領著人們進入尊貴的玄關中。

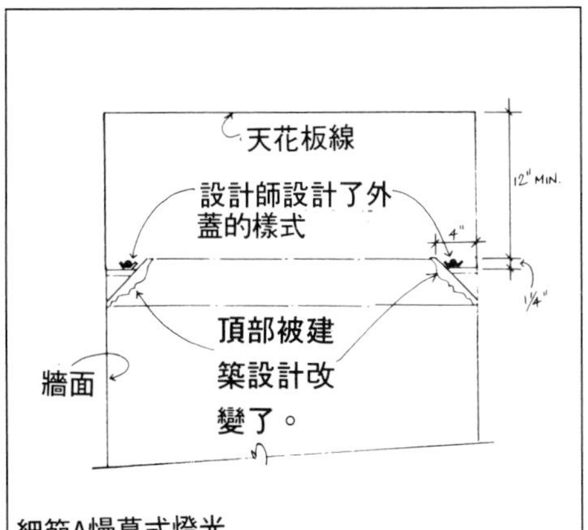

天花板線
設計師設計了外蓋的樣式
12" MIN.
4"
1¼"
頂部被建築設計改變了。
牆面

細節A慢幕式燈光

SCHEMATIC
N.T.S.

燈光設計：
Tom Skradski
室內設計：
Jane Starr
攝影：
Muffy Kibbey
天花板台階式的燈源設計，爲這個住家辦公室帶來迷人、光亮的燈光效果，這是一種完美的包圍燈設計。

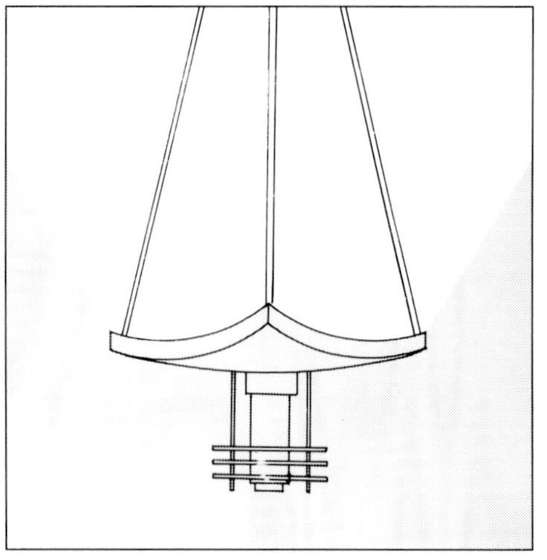

燈光設計：
Randall Whitehead 和 Catherine Ng
室內設計：
Lorraine Lazowick
攝影：
Douglas Salin

這裡有傳統懸吊式間接燈源，爲這個獨特住家帶來特殊的氣氛。它使上層的鋼架結構顯得耀眼、明亮。低平面燈源的配置讓圓形木紋地板更具特色。

燈光設計：
Randall Whitehead
室內設計：
Lorraine Lazowick
攝影：
Douglas Salin

室內燈源展示了窗外這顆巨大的樹。整個窗戶的視覺看起來就像一扇東洋式的屏風，爲這個起居室和飯廳帶來寧靜的氣氛。這是一棟位在加州的半圓形住家。

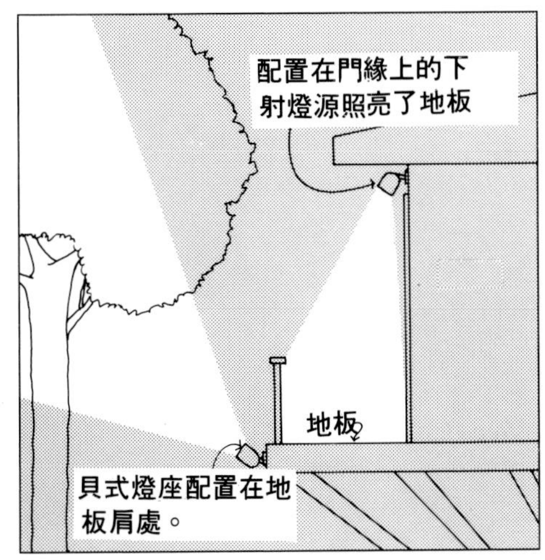

燈光設計：
Catherine Ng 和 Randall Whitehead
室內設計：
Vicky Doubleday 和 Peter Gutkin
攝影：
Alan Weintraub
這張休息區的特寫，讓人看到可調式燈源是如何讓環狀藝品更具特色。

燈光設計：
Christopher Thompson
室內設計：
George Suyama
攝影：
David Story
在房間的正中央配置了一盞重點燈，使整個空間變得深遠，面積看起來也比較大。

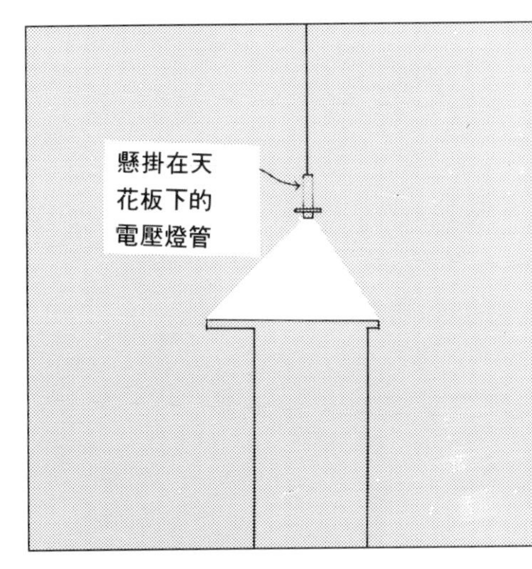

燈光設計：
Catherine Ng 和 Randall Whitehead
室內設計：
Vicky Doubloday 和 Peter Guthin
攝影：
Alan Weintraub
小型懸吊燈飾爲這個廚房帶來火炬式的戲劇化光線，也爲流理台提供了工作燈光。

燈光設計：
Catherine Ng 和 Randall Whitehead
室內設計：
Vicky Dobleday 和 Peter Grtkin
攝影：
Aian Weintraub
小櫥櫃上方的燈源增加了廚房的高度，線狀工作燈讓人在明亮的流理台上工作。

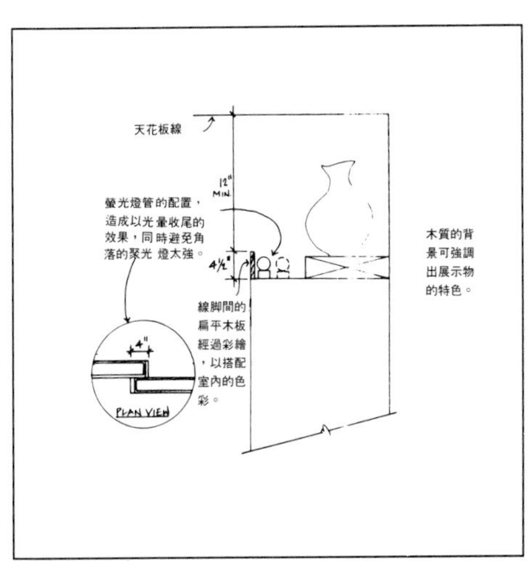

燈光設計：
Edward J. Cansino
室內設計：
Christ Surunis 和 Audrey Godfrey
攝影：
Fred Milkie
雪花石外罩的燈源，讓在接近天花板的地方，爲這艘船上的飯廳增添了優雅氣氛。

燈光設計：
Edward J. Cansino
室內設計：
Christ Surunis 和 Audrey Godfrey
攝影：
Fred Milkie
家並不一定只在陸地上。登上這艘遊艇讓人彷彿回到了家裡。

燈光設計：
Edwerd J. Cansino
室內設計：
Christ Surunis 和 Audrey Godfrey
攝影：
Fred Milkie
這個親切的用餐空間，它的光線來自下射式調整燈及雪花石作的牆上燈座。

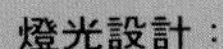

燈光設計：
Edward J. Cansino
室內設計：
Christ Surunis 和 Audrey Godfrey
攝影：
Fred Milkie
這是一個明亮又有效率的船上廚房。

燈光設計：
Edward J. Cansino
室內設計：
Christ Surunis 和 Audvey Godfrey
攝影：
Fred Milkie
這裡有淺色系可調式燈源，它強調著船上客廳中的擺飾物。

燈光設計：
Edwafd J. Cansino
室內設計：
Christ Surunis 和 Audrey GAodfrey
攝影：
Fred Milkie
這座機艙有家一般的感覺，它是由於有良好燈光配置所產生的效果。

住址部份

一般常發生的燈光問題

我的工作就像個燈光顧問，通常屋主都會告訴我，起居室是個〝沒有想光顧的地方〞。經過我們將燈光設計、配置後，這裡突然變成住宅的焦點，朋友和家人也都喜歡待在這個親切、溫馨的空間了。

大部份屋主都沒有發現燈光可影響心情，也能營造氣氛。燈光可以創造環境，加強工作區的明亮度，還能延伸空間的視覺效果。藝術品和建築物的強調光線，可以造成人們心理上的微妙變化，或讓室內看起來更光輝。

但要從那裡開始呢？燈具製造商不斷地推出新產品，消費者很容易被淋琅滿目的燈飾混淆。爲了要了解最新情報，許多屋主、設計師和園藝師都會向專家詢問一些意見，像強烈的燈光和低五數燈源如何配置等問題。你對燈光了解愈多，就愈能設計出和室內搭配的燈光。下面是大部份屋主會問到的燈光系統問題。

應該打開軌道燈，還是調整式燈源？

當軌道燈開始被使用時，幾乎所有問題都用它來解決。一直到新式燈具出現後，人們才開始注意到軌道燈的缺點。

軌道燈是最佳的重點燈，它可以以強烈的光線來強調牆上的畫作、藝術品及面的擺飾物。

但它不能提供適當的補充燈光（也叫做包圍燈），這種燈源較柔和。當軌道燈直接打在座椅區時，它會在後方投射很深的陰影，由此可見，軌道燈也不適合當作工作燈源—你會在自己的陰影下工作。

軌道燈是個重點燈，特別是在天花板沒有足夠的深度配置調整式燈源時，軌道燈就是很好的選擇。

在過去的八年裡，可調式燈已經獲得很大的改善了。現在大部份的廠商在設計幽暗處調整式燈源時，都會使用低瓦數燈泡，這是個改變（看下一章）。這樣的改變，讓調整式燈源有軌道燈般的折射率。它們有三百五十八度的射線，以及三十到四十五度的主光區。各種光線寬度的燈泡都有。許多特殊的問題都被改善了，現在的可調式燈源可以使天花板看起來清爽、潔淨。

什麼是低瓦數

低瓦數是根據電阻大小來區分，任何低於五十瓦的燈源，都叫做低瓦數燈（一般住家用電是在一百一到一百二之間）。最常使用的低瓦數系統是十二瓦和六瓦。在電線處會配置變壓器，有時會裝在燈源裡。

低瓦數燈源，每一瓦的射線大概是一般燈泡的三倍左右。雖然低瓦數燈會有較強的射線，但強度則較不足。

低瓦數燈源著重的是瓦特數的變化及光線的擴散效果，所以很少會拿它當作花盆或大型畫作的重點。現在最流行的低瓦數燈泡是MR16號燈泡，（是一種多鏡面反射燈泡）這也是投影機所使用的燈源。這種小型燈泡（大概每面鏡面有二英寸）在小口徑的投影機裡，就像個小軌道燈般耀眼。

如何能同時擁有白熱式燈光的色彩以及螢光燈的強力射線？

多年來，人們只能選擇暖白色或冷白色的螢光燈泡，我們都知道冷白色螢光燈泡，會在人們的臉上留下藍綠色光影，看起來像是氣色不佳的樣子。而暖白色螢光燈泡則是模仿白熱式燈泡的效果，它會有類似粉橘紅色的光影。現在的螢光燈泡，有兩百種以上的色彩。它的技術與色彩都有顯著地改善。

天窗是個好主意嗎？

在白天，天窗所引進的光線通常是可以代替燈光的。玻璃或塑膠窗都可以引進很強的太陽光，如果把天窗打開，除了引進光線外，還會造成青銅色的陰影。但琥珀色壓克力天窗所引進的光線比較溫和，也更舒服。如果想清除青銅色陰影的話，可以採用白色的壓克力窗格設計，這樣可以讓光線較柔和。所有天窗都應該有紫外線過濾器的配置，避免家人受到紫外線的傷害。如果沒有裝設紫外線過濾器的話，可以在外面的燈光材料行裡買來自行裝配。功能類似的濾光板有Rohm和Haas，它們看起來就像個小玻璃。這產品叫做UF3（ultrav iolet filtering acrylic sheet的縮寫）。

也可以在天窗窗架四周鑲嵌螢光泛光燈，夜晚時，這些泛光燈一開，天窗看起來就像是天花板上的黑洞一樣，別具一番風味。

如何避免流理台上反射的刺眼光線（小廚櫃下的燈光線）

這是很普遍的問題，也是個不好解決的問題。流理台表面通常都像鏡子般光滑，它會反射任何東西。有一個解決的方法是，將小櫥櫃底板所配置的燈源加上燈罩，這樣光線會柔和地灑在流理台上。缺點是，有些燈源並非配置在櫥櫃下。第二個方法是，將低瓦數燈源鑲嵌在六寸夾板中，每一盞燈都會有自己的空間感，將它們四十五度打在流理台上，這樣就不會有刺眼的反光問題。

幽暗處或凹陷處的下射燈有什麼用途，那時候應該配置？

要知道幽暗或凹陷處的燈源並不能提供像一般照明或包圍燈的環繞效果，如果燈光不能上射到天花板，那麼天花板線附近都會在黑暗中，這會使空間看起來比較小，也會有較深的陰影出現。在新式的廚房及浴室中，一般都會採用螢光燈。

櫥下的燈源應該配置在那裡？

工作燈應該配置在頭部與工作台之間，利用1英寸左右的燈罩將它與工作台隔離，這樣就能有一個良好無陰影的工作區。

櫥櫃上方的燈源應該配置在那裡？才能提供良好的間接燈光這種燈源應該投射在櫥櫃表面上，才能使室內有光輝的氣氛，同時也要確定一些東西不會阻礙到光線的投射。如果燈光被截斷，而不能投射到流理台上，就白忙一場了。

櫥櫃上方的燈源應該配置在那裡？才能提供良好的問題燈光

這種燈源應該投射在櫥櫃表面上，才能使室內有光輝的氣氛，同時也要確定一些東西不阻礙到光線的投射。如果燈光被截斷，而不能投射到流理台上，就白忙 一場了。

玻璃門市的小櫥櫃，它的燈源應該記置在那裡？

燈源應該配置在玻璃托架上方。如果是木頭托架，則可水平式地鑲嵌在每個板面上。如果托架是後退式的設計，那麼燈光將垂直地照在門邊，效果會很好。

高預算會有高品質的效果嗎？

不管是高預算還是低預算，燈光設計還是應該受到重視。人們主要關心是室內裝璜，而不是燈光設計。所以白熱式燈炮還是比較受歡迎。但石英或水晶燈泡的光線是普通白熱式燈的二倍。螢光燈泡它則是白熱式燈泡的三到五倍。

有那些新產品可以加入設計的氖燈

在一個有良好包圍環繞的室內，氖燈管的配置會有特殊的氣氛，但氖燈會有輕微的怪味，而且要仔細選擇色彩，因爲較強的氖燈會改變室內的色彩。使用氖燈前，應該確定電阻是否附合。有些人還是不喜歡在家裡配置氖燈。

透明燈織（Fiber optics）

它會爲室內每個細節營造精緻的光暈。捆在一起的燈纖要一樣長，才讓光線折回燈源處，或從尾端投射出來。在末端的光線會比較強烈。但它還是屬光線很弱的燈，應該當作裝飾的一部份。

背景燈玻璃板會有很好的效果。記住，不要讓燈光直接打在玻璃板上，要讓光線穿透玻璃板面。讓光線能投射到玻璃板後的物體上，板面才會有光暈。

背景燈

玻璃板會有很好的效果。記住，不要讓燈光直接打在玻璃板上，要讓光線穿透玻璃板面。讓光線能投射到玻璃板後的物體上，板面才會有光暈。

摘要

新式燈具，有時看起來就像藝術品一樣，也有很好的功能。在設計新建築或重新裝璜時，一定要注意到燈光設計。

現在，選擇適當的燈源和開關系統，是凝聚室內氣氛的基本要素。如果在工程初期沒有考慮到燈光配置的問題，室內會變得很悲慘。相反地，良好的燈光設計加強了室內裝璜的特色和建築物的美，它的效果常會超乎人們的想像。燈光，如果人們知道如何使用它的話，它就是一個有用的工具。

燈光

轉壓器(Ballast)

可將電力轉換成燈泡所須的電壓，如螢光燈、水銀燈、高壓納燈及鹵素燈所須的電力都不一樣，這樣可提供燈座最適合的電力。

放射寬度(Beam Spread)

燈光所產生的放射狀圓形寬度。

色光指引器(Color Rendering Index)

用來比較燈座及陽光照在物體上差別的測量器。

調光器(Dimming Ballast)

可以調整螢光燈的亮度。

螢光燈(Fluorescent Lamp)

是一種非常有效率的燈泡，它是藉著塗在燈泡內磷的活動而產生光。這種燈泡有許多種形式、瓦數及色彩。

呎燭光(Footcandle)

爲標準的照度單位，以距離一呎的燭光亮度作爲基準。

閃耀光(Glare)

不舒服的耀眼光線，通常會在燈座處形成光焦，而失去了照明效果。

H.I.D.燈(H.I.D. Lamp)

爲燈泡種類之一，這種電泡中有加壓的瓦斯，當電力進入活動時產生光。水銀燈座、鹵素燈和高壓納燈都是屬於H.I.D燈泡。它非常明亮，主要是用作室外燈源。

高壓納燈(High Pressure Sadium)

爲H.I.D.燈泡的一類，它使用納作爲發光的元素，它是一種橘黃色光線的燈泡。

白熱式燈泡(Incandescent Lamp)

是一種傳統式燈泡，電力到達白熱絲時便會產生光線。

洋燈泡(Lamp)

燈光廠商通常就將它叫作燈泡，在這種燈泡裡有瓦斯或者白熱絲，當電力通過時便會發光。

低瓦數燈源(Low-Voltage Lighting)

使用低於50瓦（一般是12瓦）的燈泡系列來代替12C瓦的燈泡，一般住宅的電壓是120瓦。使用變壓器來轉換適當的電壓。

線路瓦(Line Voltage)

就是指120瓦的家用電壓，是北美地區的標準電壓。

流明燈(Luminaire)

使用多種燈泡的複合式燈源，必須和轉壓器配合。

水銀燈(Mercury Lamp)

H.I.D.燈種，它的光線主要是靠水銀來發射。通常會塗上一層螢光磷或水銀，所以燈光會很亮。它的光線帶一點青色。

金屬鹵素燈(Metal Halide Lamp)

H.I.D.燈種，它的光線是靠金屬鹵化物來發射。在H.I.D.燈種中，它的光線最亮白。

鏡面反射器－MR16，MR11(Mirror Reflector)

小型的鎢燈泡，透過反射器可以呈現各種瓦數的光束效果。

PAR燈(PAR Lamps)

用鋁來處理燈泡，讓燈泡呈現光束照射。如果燈泡上用鋁環處理，就會呈現許多小光束的放射。PAR燈可以在戶外使用，因爲它的燈泡玻璃很厚，就算在惡劣的天氣下，也不會有問題。

工作燈(Task Lighting)

這種燈座是爲工作台面而設計的，主要是爲了提供一個無陰影的良好工作環境。

變壓器(Transformer)

用來提高或減低電壓瓦數的裝置，通常使用在低瓦數燈座上。

鎢絲燈(Tungsten－Halogen)

就是鎢絲白熱式燈泡，燈泡中有瓦斯。這種燈的光線會比一般白熱式燈泡亮。

丹娜・瑪西(Donald L. Maxcy)
丹娜・瑪西設計公司
住址：加州蒙特利市威伯斯特街439號(439 Webster St. Montery, CA93940)
(408)649-6582
派翠西亞・鮑伯・麥當勞(Patricia Borba McDonald)
麥當勞和莫爾股份公司
住址：加州聖喬伊市歐瑪登弄20號(20N. Almaden Ave. San Jose,CA95110)
(408)649-6582
瑪西亞・莫爾(Marcia Moore)
麥當勞和莫爾股份公司
住址：加州聖喬伊市歐瑪登弄20號(20N. Almaden Ave. San Jose, CA95110)
潘・莫利斯(Pam Morris)
燈光設計師
住址：加州拉卡斯伯市佛蘭西斯保德東路14號(14 E. Sir Francis Blvd Larkspur, CA94939)
(415)925-0840
詹耐德・雷魯克斯・莫亞(Janet Lennox Moyer)
住址：加州奧克蘭得市郤爾登先生路6225號(6225 Chelton Dr. Oakland, CA94611-2430)
(510)482-9193
凱撒琳・Ng(Chatherine Ng.)
燈光公司
住址：加州舊金山第18街1210號(1210 18th St. San Francisco, CA94107)
(415)626-1210
泰勒・奧門(Terry Ohm)
奧門設計公司
住址：加州舊金山密西西比街1號(One Mississippi St. San Francisco. CA94107)
(415)252-1182
瓊・瑪特・奧斯本(Joan Malter Osburn)
奧斯本設計公司
住址：加州舊金山聖可倫門托街3315號510室(3315 Sacramento St. suite 510 San Francisco, CA94118)
(415)286-2589
史蒂芬・奧斯本(Steven Osburn)
奧斯本設計公司
住址：加州舊金山聖可倫門托街3315號510室(3315 Sacramento St. Suite 510 San Fraccisco, CA94118)
(415)386-2589
潘蜜拉・班靈頓(Pamela Pennington)
潘蜜拉・班靈頓作室
住址：加州保羅奧托市維門理街508號(508 Waverley Streey Palo Alto, CA94301)
(415)328-1767
蘭・羅森伯拉特(Nan Rosenblatt)
蘭・羅森伯拉特室內設計公司
住址：加州舊金山陶珊街310號(310 Town send St. Suite 200 San Francisca, CA94107)
(415)495-0444
雪莉・史考特(Sherry Scott)
室內設計實驗室
住址：加州舊金山第四街601號(601 4th St. #125 San Francisco, CA94107)
(415)974-1934
湯姆・史魁奇(Tom Skradski)
住址：加州派得門市倫納路1121號100室(1121 Ranleight Way Suite 100 Pied mont, CA94610)
(51)835-7600
格雷・史密斯(Greg Smith)
住址：加州紅木市海港路501號201室(501 Seapart Court Suite #201 Red wood City, CA94063)
(415)368-7711
魯斯・沙佛倫克(Ruth Soforenko)
魯斯・沙佛倫克股份公司
住址：加州保羅奧托市森林弄137號(137 Forest Ave. Palo Alto, CA94301)
(415)326-5448
麥可・梭特(Micheal Souter)
盧明內・梭特燈光設計公司
住址：加州舊金山軍人街1740號2樓(1740 Army Street, 2nd Floor San Francisco, CA94124)
(415)285-2622
大衛・史都瑞(David Story)
大衛・史都瑞設計公司
住址：華聖頓州西托市第一街南弄213號B2室(213 lst Are. S. Suite 2B Seattle, WA98104)
(206)624-9189
克里斯多福・桑普森(Christopher Thompson)
全速電子及燈光設計公司
住址：華聖頓州西托市西弄2605號(2605 Westem Ave. Seattle, WA98121)
(206)443-9837
羅伯・崔克斯(Robert Truax)
燈光設計及修建工程
住址：加州舊金山亞裘羅鮑路360號(360 Arguello Blvd. San Francisco, CA94118)
(415)668-0253
瑪塞西可・奇亞(Masahiko Uchiyama)
階梯設計公司
住址：日本東名名古屋羅蘋吉路5-18-19-503(5-18-19-503 Roppongi Minato-ku To kyo Japan)
81-03-5562-0571
倫多・懷荷(Randall Whitehead)
燈光設計公司
住址：加州舊金山第18街1210號(1210 18th St. San Francisco, CA94107)
(415)626-1210
狄波雷・偉特(Deborah Witte)
盧明內・梭特燈光設計公司
住址：加州舊金山軍人街1740號2樓(1740 Army Street, 2nd Floor San Francisco, CA94124)
(415)285-2622
格雷・楊(Greg Yale)
住址：紐約南漢普頓市享利路27號(27Henry Rd. South Hampton, NY11968)
(516)287-2132
傑佛瑞・華納(Jeffrey Werner)
華納設計公司
住址：加州紅木市約雪巷35號(35 Yorkshire Lane Redwood City, CA94062)
(415)367-9033
奧佛雷多・齊伯羅林(Alfredo Zaparolli)
坦克尼亞設計公司
住址：加州舊金山第3街2325號430室(2325 3rd Street Suite 430 San Francisco, CA94107)
(415)863-7773
羅素・亞伯拉罕
攝影師
住址：加州舊金山菲德羅街60號(60 Federal St. San Francisco CA94107)
(415)896-6400

School St, Suite 102
Moraga, CA94556)
(510) 376-9497
伯納・考得(Bernard Corday)
燈光設計
住址:加州聖蒙特婁市派樂街6 1 5號(615 Parrott Dr. San Matec , CA94402)
(415) 340-9155
瑪西亞・考克斯(Marcia Cox)
瑪西亞室內設計公司
住址:加州門羅公園街石松巷1 3 3號(133 Stone Pind Lane Menlo Park, CA94025)
(415) 322-4307
羅絲・愛勒斯(Ross De Alessi)
羅絲・愛勒斯燈光設計公司
住址:加益波特拉盆地阿爾卑斯路4370號210室(4370 Alpine Rd. Suite 210 Portola Valley, CA94028)
(415) 851-7950
琳達・愛塞斯坦(Linda Esselstein)
住址:加州門羅公園街愛爾斯古弄1 4 9 5號(1495 Alltschul Ave. Menlo Park, CA94025)
(415) 854-6924
琳達・非力(Linda Ferry)
建築照明設計師
住址:加州蒙特利市郵政－2 6 9 0信箱(P.O. Box2690 Monterey, CA93942)
(408) 649-6354
貝卡・佛斯特(Bec a Foster)
燈光設計
住址:加州舊金山第二街522號
(415) 541-0370
詹姆斯・吉倫(James Gillam)
建築師
住址:加州舊金山保維街1841號(1841 Powell St. San Francisco, CA94133)
(415) 398-1120

查理士・葛雷伯邁爾(Charles J. Grebmeier)
葛雷伯・別克倫德公司
住址:加州舊金山聖可倫門托街1298號(1298 Sacramento St. San Francisco, CA94108)
(415) 931-1088
蘇珊・休依(Susan Huey)
燈光室內設計公司
住址:加州舊金山阿卡耐斯街1 0號C室(10 Arkansas St. Suite CSanFrancisco,CA94107)
(415) 863-0313
坎東・納普(Kenton Knapp)
坎東・納普設計公司
住址:加州珊塔克魯斯郵政－2498信箱(P.O. Box 2498 Santa Cruz, CA95063)
(408) 476-7547
錫德・理奇(Sid D Leach)
古典設計股份公司
住址:加州舊金山普德菲爾路288號(288 Butterfield Rd. San Anselma, CA94960)
(415) 453-4420
格雷・理衛特(Graig Leavitt)
理衛特和維門設計公司
住址:加州摩得斯托市楚理路451號(451 Tully Rd. Modesto, CA95350)
(209) 521-5125
亞倫・雷鮑(Allan Leibow)
燈光設計師
住址:加州斑鳩市綠谷環5855號(5855 Green Valley Circle Suite 304 Culver City, CA90230)
(310) 216-1670
荷・李蘭(Hal LeJeune)
藝術燈光設計
住址:加州保羅奧托市威爾斯路7 0 1號(701 Welch Road #323 Palo Alto, CA94304)
(415) 328-3440

(James Benya)
PE及FIES的前會長
盧明內梭特(地名,Luminae Souter)的燈光設計師
住址:加益舊金山陸軍街1740 2樓(1740Army Streey, 2nd San Francisco, CA94124)
(415) 285-2622
辛西亞・波頓(Cynthia Bolton-Karasik)
設計師
住址:加益舊金山松樹街200號(200 Pine Street #200 San Francisco, CA94104)
(415) 989-3446
袞拿・別克倫德(Gunnar Burklund)
住址:加州舊金山聖可倫門托街1298號(1298 Sacramento St San Francisco, CA94108)
(415) 931-1088
愛德華・卡西諾(Edward J. Cansino and Assaciates)
住址:加益馬拉佳市校園街1620號102室(1620

克勞狄・賴伯瑞特(Claudia Librett)
設計工作室
住址:約紐市東第72街311號C室(311 East 72nd St. Penthouse C New York, NY10021)
(212) 772-0521
羅門・馬丁諾(Ron Martino)
馬丁諾室內設計公司
住址:加州拉斯加托斯市北珊塔克魯斯弄111號(111 N. Santa Cruz Are. Los Gatos,CA95030)
(40354-9111)

居家照明
設計

定價：950元

出 版 者：新形象出版事業有限公司
負 責 人：陳偉賢
地　　址：台北縣中和市中和路322號8Ｆ之1
門　　市：北星圖書事業股份有限公司
　　　　　永和市中正路498號
電　　話：9229000(代表)　ＦＡＸ：9229041

原　　著：Randall Whitehead
編 譯 者：新形象出版公司編輯部
發 行 人：顏義勇
總 策 劃：陳偉昭
美術設計：張呂森、劉育倩
美術企劃：林東海、劉育倩

總 代 理：北星圖書事業股份有限公司
地　　址：台北縣永和市中正路462號B1
電　　話：9229000(代表)　ＦＡＸ：9229041
郵　　撥：0544500-7北星圖書帳戶
印 刷 所：香港

行政院新聞局出版事業登記證／局版台業字第3928號
經濟部公司執／76建三辛字第214743號

1996年5月

國立中央圖書館出版品預行編目資料

居家照明設計／Randall Whitehead原著；新形象出版公司編輯部編譯. --臺北縣中和市：新形象，民85
　面：23公分
譯自：Residential lighting
ISBN 957-8548-89-3(平裝)

1.照明－設計　2.家庭佈置

422.2　　84012585